令和2年度特級ボイラー技士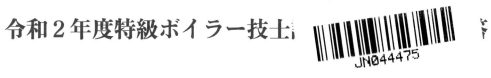

JN044475

燃 焼 社

令和２年度特級ボイラー技士試験問題と模範解答

1. ボイラーの構造に関する知識

（問題）1

ボイラー出口蒸気圧力 2.5 MPa で過熱器がないガス焚きボイラーがあり，その運転状態は下表のとおりである．

このボイラーについて、次の（1）～（4）の問に答えよ．

ただし，ボイラーへの入熱は燃料の発熱によるもののみとする．

また，気体の体積は標準状態（0℃，101.325 kPa）に換算した値とする．

答は，それぞれ本問で使用されている記号を用いた計算式及び計算の過程を示し、結果はいずれも小数点以下第1位を四捨五入せよ．

蒸発量	W	30000 kg/h
飽和蒸気の比エンタルピー	h_s	2802.45 kJ/kg
蒸気の乾き度	X	95.0%
飽和水の比エンタルピー	h_w	971.74 kJ/kg
給水の比エンタルピー	h_o	86.36 kJ/kg
ガス燃料の低発熱量	H_l	40.60 MJ/m³（燃料）
ボイラー効率（入出熱法）	η	96.1%
標準大気圧での蒸発熱（基準蒸発熱）	L_o	2257 kJ/kg

（1） ボイラーの毎時ガス燃料消費量 F〔m³（燃料）/h〕を求めよ．

（2） 毎時換算蒸発量 E_e〔kg/h〕を求めよ．

（3） 換算蒸発倍数 r_e〔kg/m³（燃料）〕を求めよ．

（4） このボイラーの気水分離装置を改善し蒸気の乾き度を X_c（＝99.0%）にした場合，毎時ガス燃料消費量及びボイラー効率を同じとしたときのボイラー蒸発量 W_r〔kg/h〕を求めよ．

（解　答）

（1）　（有効に利用された燃料の発熱量）＝（発生した蒸気が吸収した熱量）

であり，

（有効に利用された燃料の発熱量）

＝（燃料の使用量）×（単位燃料の発熱量）×（ボイラー効率）

（発生した蒸気が吸収した熱量）

＝（蒸発量）×｛（発生した蒸気の比エンタルピー）－（給水の比エンタルピー）｝

となる．いま

h_B：発生した蒸気の比エンタルピー

とすると，

燃料の発熱量がMJ，蒸気の比エンタルピーがkJ，ボイラー効率や蒸気の乾き度が百分率（％）で表わされているから，

$$F \times H_l \times 10^3 \times \eta \times 10^{-2} = W \times (h_B - h_0)$$

となる．そしてh_Bは，

$$h_B = h_s \times X \times 10^{-2} + h_w \times (1 - X \times 10^{-2})$$

であるから，

$$F \times H_l \times 10^3 \times \eta \times 10^{-2} = W \times \{h_s \times X \times 10^{-2} + h_w \times (1 - X \times 10^{-2}) - h_0\}$$

となり，このことから，

$$F = \frac{W \times \{h_s \times X \times 10^{-2} + h_w \times (1 - X \times 10^{-2}) - h_0\}}{H_l \times 10^3 \times \eta \times 10^{-2}}$$

となる．これにそれぞれの数値を代入すると，

$$F = \frac{30000 \times \{2802.45 \times 95.0 \times 10^{-2} + 971.74 \times (1 - 95.0 \times 10^{-2}) - 86.36\}}{40.60 \times 10^3 \times 96.1 \times 10^{-2}}$$

$$= \frac{30000 \times (2710.9145 - 86.36)}{40600 \times 0.961}$$

$$= 2018.0$$

答　2018 m³（燃料）/h

（2）

$$（換算蒸発量）= \frac{（発生した蒸気が吸収した熱量）}{（基準状態の蒸発熱）}$$

$$E_e = \frac{W \times (h_B - h_0)}{L_o}$$

$$= \frac{W \times \{h_s \times X \times 10^{-2} + h_w \times (1 - X \times 10^{-2}) - h_0\}}{L_o}$$

$$= \frac{30000 \times \{2802.45 \times 95.0 \times 10^{-2} + 971.74 \times (1 - 95.0 \times 10^{-2}) - 86.36\}}{2257}$$

$$= \frac{30000 \times (2710.9145 - 86.36)}{2257}$$

$$= 34885.5$$

答　34886 kg/h

（3）

$$（換算蒸発倍数）= \frac{（換算蒸発量）}{（燃料使用量）}$$

であるから，

$$F_e = \frac{E_e}{F}$$

$$= \frac{34885.5}{2018.0}$$

$$= 17.2$$

答　17 kg/ m³（燃料）

（4）

$$（蒸発量）= \frac{（有効に利用された燃料の発熱量）}{（発生蒸気の比エンタルピー）-（給水の比エンタルピー）}$$

$$W_r = \frac{F \times H_l \times 10^3 \times \eta \times 10^{-2}}{h_s \times X_c \times 10^{-2} + h_w \times (1 - X_c \times 10^{-2}) - h_o}$$

$$= \frac{2018.0 \times 40.6 \times 10^3 \times 96.1 \times 10^{-2}}{2802.45 \times 99.0 \times 10^{-2} + 971.74 \times (1 - 99.0 \times 10^{-2}) - 86.36}$$

$$= \frac{2018.0 \times 40600 \times 0.961}{2784.4143 - 86.36}$$

$$= 29185.26$$

答　29185 kg/h

（注）1　換算蒸発量

換算蒸発量は，基準蒸発量，相当蒸発量ともいい，ボイラーの実際の蒸発量を，一定の基準状態

2 － 3

（100℃の飽和水から100℃の乾き飽和蒸気への蒸発）における蒸発量に換算したものである．

（注）２　出題傾向

ボイラーの構造に関する計算問題としては，このような熱精算に関する問題が多いが，伝熱に関する問題や気体の性質に関する問題（とくに湿り空気についての問題）も出題されている．

（問題）2

次の図は，ボイラーの主要材料の一つで最も多く用いられている低炭素鋼材の各種機械的性質の温度依存性を示したものである．

図中の①〜④の各曲線の表す機械的性質の名称及び図から読み取れる温度依存特性を具体的な温度域を示して簡潔に記述，説明せよ．

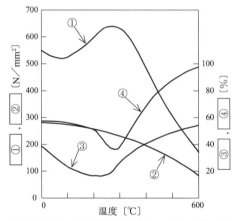

低炭素鋼材の各種機械的性質の温度依存性一例

（解　答）

項目	機械的性質	温　度　依　存　特　性
①	引張り強さ	・約150℃〜約350℃で常温に比べて増加する。 ・約400℃を超えると常温より著しく低下する。
②	降伏点	・温度の上昇につれ低下する。
③	伸び	・約50℃〜約350℃で常温より低下する。
④	絞り	・約150℃〜約350℃で常温より低下する。

（注）１　引張り強さ

引張試験で，材料が破断するまでに現れる最大荷重を，もとの断面積で割った値で，抗張力とも

いう.

（注）2　降伏点

　鋼材などに荷重を加えていくと，応力のわずかな増加により，または応力が増加しないのに，ひずみが急激に増加するようになる．この応力を降伏点という．

　なお降伏点は，炭素鋼では明確に現れるが，合金鋼などでは必ずしも明確には現れないので，0.2％の永久ひずみの生じるときの応力を降伏点とみなし，これを耐力という．

（注）3　伸び

　棒などに引張り荷重を加えたときの変形，あるいは熱膨張による寸法の増加など.

（注）4　絞り

　引張試験を行なったときの，破断時の断面積の減少率（％）.

（問題）3

次の文中の　　　　　内に入る適切な語句，記号，文字式などを答えよ．

なお，同じ語句などを複数回使用してもよい．

（1）　固体壁の両側に流体があり，熱は高温流体から壁面を通して低温流体に伝えられ，この伝熱現象は，高温流体から壁面までの　①　，固体内部の　②　，壁の反対面から低温流体への　③　からなっており，この現象全体を　④　という．この熱移動の割合（率）K は，高温側の温度を t_1，低温側の温度を t_2，伝熱量を Q，伝熱面積を F としたとき

$$K = \frac{\boxed{⑤}}{\boxed{⑥} \times \boxed{⑦}}$$

で定義され，　⑧　という．また，この固体壁が厚さ δ の平板壁の場合は，上記①〜③の熱移動の割合（率）を，それぞれ α_1，λ_1，α_2 としたとき

$$\frac{1}{K} = \boxed{⑨} + \boxed{⑩} + \boxed{⑪}$$

で表される.

（2）　一般に，熱交換器は，高温流体は流れに従って温度が下がり，低温流体は流れに従って温度が上がるから，伝熱面の場所によって温度差は変化する．高温流体と低温流体の流れの方向は同じ方向の場合と逆方向の場合があるが，熱交換器の伝熱量を求めるには適当な平均温度差を用いる必要がある．一般的には対数平均温度差 Δt_m が用いられ，高温流体の入口における両流体の温度差を Δt_1，出口における両流体の温度差を Δt_2 としたとき

$$\Delta t_m = \frac{\boxed{⑫} - \boxed{⑬}}{\boxed{⑭}}$$

で表される. 熱交換器で交換される熱量 Q は, $\boxed{⑧}$ K, 伝熱面積 F とすると,

$$Q = \boxed{⑮}$$

で表される.

(解 答)

（1） ① 熱伝達　　② 熱伝導　　③ 熱伝達　　④ 熱貫流　　⑤ Q　　⑥ F

⑦ $(t_1 - t_2)$　　⑧ 熱貫流率　　⑨ $\dfrac{1}{\alpha_1}$　　⑩ $\dfrac{\delta}{\lambda_1}$　　⑪ $\dfrac{1}{\alpha_2}$

（2）　⑫ Δt_1　　⑬ Δt_2　　⑭ $ln\dfrac{\Delta t_1}{\Delta t_2}$　　⑮ $K \times F \times \Delta t_m$

（注）（1）の熱伝達率について

熱伝達率の逆数が伝熱抵抗となるから,

　　（全伝熱抵抗）＝（個々の伝熱抵抗の和）

と考えるとよい.

（問題）4

ボイラーの材料, 伝熱, 構造などに関する次のAからEまでの記述のうち, 誤っているもののみの組合せは（1）～（5）のうちどれか.

A　物体表面の単位面積から単位時間に放出される放射エネルギーを放射エネルギー流束又は放射度といい, 物体表面の絶対温度の4乗に比例する. 実際の物体面からの放射エネルギー流束は, 同一温度の黒体面からの放射エネルギー流束と比べて常に大きい.

B　空気や燃焼ガスなどのように, 数種類のガスが混合しているガスは, 同一空間内に混在していても各成分のガスは単独に存在するかのように挙動し, その全圧は各成分ガスの分圧の和に等しい.

C　自然循環式2胴形水管ボイラーの循環力は, 蒸発管と下降管の密度差, 循環経路の全流動抵抗などに支配されるが, 高圧になるほど蒸発管内の蒸気の密度が大きくなるため循環力が低下するので, ボイラー水の循環力を維持するには上下ドラム間の高さを大きくする必要がある.

D　自然循環式2胴形水管ボイラーで, 熱負荷を増すと蒸発水管内の蒸気割合が増えて蒸発水管内の気水混合物の密度が小さくなるが, ある程度以上になると流速の増加による

全流動抵抗が著しく増加するため，実際の蒸発管入口流速は増加しなくなる．確実な循環を維持し，水管の冷却を十分行わせるには，循環経路としての蒸発管の入口及び出口流速の最適化が重要である．

E　過熱器のあるボイラーにおいて，伝熱面の配置を蒸発部と過熱部に分けると，中低圧のボイラーでは，高温高圧ボイラーに比べ全吸収熱量のうち蒸発部の占める割合が小さく，過熱部の占める割合は大きい．

（１）　A，C　　（２）　A，E　　（３）　B，C　　（４）　B，D　　（５）　D，E

（解　答）

答　２

（注）　１　Aについて

黒体とは，表面に入射するすべての波長の放射エネルギーを完全に吸収する理想物体である．そして黒体から放出される放射エネルギーは，同一温度の物体中で，最大である．

（注）　２　Eについて

水の蒸発熱は，低圧ほど大きく，高圧になるほど小さくなる．そのため，低圧のボイラーほど，蒸発部の占める割合が大きくなる．

（問題）５

ボイラーの附属設備，附属装置，附属品などに関する次のAからEまでの記述のうち，誤っているもののみの組合せは（１）～（５）のうちどれか．

A　過熱器の蒸気温度特性は，放射形過熱器ではボイラーの負荷が増大すると過熱温度が上昇する傾向になるが，対流形過熱器では逆の特性になる．これを適当に組み合わせれば，負荷の変化に対し影響の少ない過熱器特性が得られる．

B　安全弁の取付管台の構造について，２個以上の安全弁を共通の管台に設置する場合は，管台の蒸気流路の断面積をそれぞれの安全弁の蒸気取入れ口の面積の合計以上とするなどの考慮が必要であるが，安全弁の排気管については，排気管内径を安全弁出口径より大きくし，複数の弁ごとに独立した排気管とすることなどが望ましい．

C　ボイラーの熱損失の大きな部分を占める排ガス熱を回収してボイラーの給水を予熱するエコノマイザやボイラーの燃焼用空気を予熱する空気予熱器では，その排ガス温度を10℃下げるごとにボイラー効率を約１％高めることができる．

D　連続ブロー装置は，ブロー水をドラムの水面付近から連続的に取り出し，ボイラー水の濃度を管理値範囲内に保つ装置で，ブロー水の熱を回収する方法には，フラッシュタ

ンクで減圧して気化させ，蒸気を脱気器などで回収し，濃度の高い水を排出する方式などがある．

E　蒸気式加圧脱気器では，蒸気によって給水が105〜150℃に加熱され，給水中に溶解している酸素，二酸化炭素などはそのガスの分圧を下げられ，同時に細かい水滴として滴下される中で容易にガス分離され，ベントから排出される．

（1）　A，C　　（2）　A，E　　（3）　B，C　　（4）　B，D　　（5）　D，E

（解　答）

答　1

（注）1　Aについて

放射形過熱器では，ボイラーの負荷が増大すると過熱温度が下がり，対流形過熱器では逆の特性になる．

放射形過熱器での伝熱量は，火炎の温度によって変わる．そのため，負荷が増大してもそれほど伝熱量は増大しないが，蒸気流量は負荷に比例して増大する．

対流形過熱器では，負荷の増大につれて燃焼量が増える．つまり過熱器を通る燃焼ガスの量が増え，ガス流速も速くなり，伝熱量が増大する．

（注）2　Cについて

ボイラーの排ガス熱の回収によるボイラー効率の向上は，排ガス温度10℃ではなく，20℃の低下でボイラー効率1％を高めることができる．

ボイラー効率を1％高めるための排ガス温度の低下は

$$\frac{（燃料の発熱量）}{100}=（発生燃焼ガス量）\times（燃焼ガスの比熱）\times（排ガスの低下した温度）$$

である．計算問題の練習として計算してみて下さい．

なお，排ガスの平均比熱は、1.38 kJ/m³K である．

（問題）6

ボイラーの自動制御に関する次のAからEまでの記述のうち，誤っているもののみの組合せは（1）〜（5）のうちどれか．

A　自動制御を行っているボイラーを2基以上並列運転する場合，1つの圧力調節器（主調節器）と負荷配分器によりそれぞれのボイラーに負荷を配分する方式では，負荷変動をそれぞれのボイラーにある比率で配分する方法や，一方のボイラーの負荷一定で他のボイラーで負荷変動を吸収させる方法などがあるが，やむを得ずボイラーごとの蒸気圧

力調節器をそのまま使用するときは，それぞれの圧力調節器の比例動作を狭くすると同時に，各ボイラーごとに設定圧力を調整することによって任意の負荷配分を行うことができる．

B　過熱器蒸気温度の制御における操作量としては，注水式過熱低減器における注水量，過熱器を通過する燃焼ガスの一部をバイパスさせるときのバイパスガス量，火炉の吸収熱を変えるときのバーナ噴射角度，ボイラー後部の低温ガスを火炉へ再循環させるときの再循環ガス量などがある．

C　空燃比の制御において，燃料の単位発熱量当たりの所要空気量は燃料の種類に関係なくほぼ一定になるので，ボイラー効率が変わらないとすると，燃料量と空気量の比の代わりに蒸気流量と空気量の比を用いることができる．この方法は，燃料供給量の正確な検出が困難な石炭などの固体燃料焚きなどの場合に用いられることがある．

D　空気量の調節において，ファン出口ダンパあるいは入口ベーンの開度を変える方法，ファンの回転数を変える方法などがある．出口ダンパによる制御は簡単で応答も早いが低負荷時の動力損失が大きく，入口ベーン方式による制御は簡単で効率も良く広く用いられているが，最近では省エネルギーと精度の点からファンの回転数制御方式を用いることが多くなっている．

E　ボイラードラム制御において，給水量を操作したときのドラム水位は，むだ時間 L を経過してからほぼ直線的に変化し，この直線の勾配から時定数 T が定義される．この水位制御の安定度は，T と L との比 T/L で決まり，この値が小さい場合は制御が容易であり，大きい場合は制御が困難である．

（1）A，C　　（2）A，E　　（3）B，C　　（4）B，D　　（5）D，E

（解　答）

答　2

（注）1　Aについて

Aのような場合，ボイラーごとの蒸気圧力調節器をそのまま使用するときは，それぞれの圧力調節器の比例動作を狭くするのでなく広くする．

（注）2　Eについて

T/L の値が小さい場合は制御が困難であり，大きい場合は容易である．

時定数は，制御系の応答の速さを示す値で，出力の変化が生じたとき，その変化速度がそのまま持続するとしたとき，最終の平衡値に達するまでの時間のことである．

2. ボイラーの取扱いに関する知識

（問題）1

炉筒煙管ボイラーにおいて，給水の塩化物イオン濃度 C_f が 6.5 mgCl⁻/L，シリカ濃度 S_f が 10.5 mgSiO₂/L であり，ボイラー水中の塩化物イオン濃度 C_b が 160 mgCl⁻/L であるとき，ボイラー水中のシリカ（SiO₂）を水溶性のメタけい酸ナトリウムとしてボイラー水中に溶解しておく場合，以下の（1）～（3）の問に答えよ．

答は，いずれも，本問で使用している記号及び物質の分子量（式量）については当該物質の化学式を用いた計算式を示すとともに，計算の過程を示し，結果は小数点以下第2位を四捨五入せよ．

ただし，ボイラー水の酸消費量（pH 8.3）は水酸化ナトリウム（NaOH）のみとし，SiO₂ と NaOH との反応式は次のとおりで，ブローは行わないものとする．

　　SiO₂ ＋ 2NaOH　→　Na₂SiO₃ ＋ H₂O

なお，元素の原子量は以下のとおりとする．

元素	Si	Na	O	H	Ca	C
原子量	28	23	16	1	40	12

（1）　ボイラー水中のシリカ濃度 S_b〔mgSiO₂/L〕を求めよ．

（2）　S_b に対する必要な最小の水酸化ナトリウム（NaOH）量 x が〔mgNaOH/L〕を求めよ．

（3）　x に対する酸消費量（pH 8.3）d〔mgCaCO₃/L〕を求めよ．

（解　答）

（1）
　　（ボイラー水のシリカ濃度）＝（給水のシリカ濃度）×（濃縮度）

　であり

　　（濃縮度）＝ （ボイラー水の塩化物イオン濃度）／（給水の塩化物イオン濃度）

　であるから，

$$S_b = S_f \times \frac{C_b}{C_f}$$

$$= 10.5 \times \frac{160}{6.5}$$

$$= 258.46$$

答　258.5 mgSiO₂/L

（2）

　SiO₂ と NaOH の反応式から，単位 SiO₂ の処理に

$$\frac{2 \times (\text{NaOH})}{(\text{SiO}_2)}$$

の NaOH が必要となる．

　（NaOH の必要量）＝（SiO₂ の量）$\times \dfrac{2 \times (\text{NaOH})}{(\text{SiO}_2)}$

$$x = S_b \times \frac{2 \times (\text{NaOH})}{(\text{SiO}_2)}$$

$$= 258.46 \times \frac{2 \times 40}{60}$$

$$= 344.61$$

答　34.46 mgNaOH/L

（3）

　Na は 1 価（Na⁺）

　Ca は 2 価（Ca⁺）

　であるから

　（CaCO₃ の量）＝（NaOH の量）$\times \dfrac{(\text{CaCO}_3)}{2 \times (\text{NaOH})}$

$$d = x \times \frac{\text{CaCO}_3}{2 \times \text{NaOH}}$$

$$= 344.61 \times \frac{100}{2 \times 40}$$

$$= 430.76$$

答　430.8 mgCaCO₃/L

2 － 11

(問題) 2

重油焚きで蒸発量 50 t/h，最高使用圧力 5 MPa の二胴形放射水管ボイラーを停止して，清掃，点検を行う場合，次の問に答えよ.

（1） ボイラー停止の準備，停止，冷却，排水などの操作を行う際の手順に関する次の記述の   内に当てはまる最も適切な語句などを下表の語群の中から選び，その記号を記入せよ.

A   停止前に， ① 濃度や ② を制限値内で ③ に維持して運転する.

B   消火後， ④ をしばしば行い，スラッジやスケールを極力排出する.

C   圧力が ⑤ 程度に下がったら， ⑥ を開く.

D   ボイラー水温度が ⑦ 程度に下がったら排水（全ブロー）する.

E   排水後に， ⑧ し，内部に異物などがある場合，高圧水で洗い流す.

F   排水後，ボイラー自体の ⑨ を利用するなどして内部を ⑩ する.

語群

あ：主蒸気弁	**い**：ドレン弁	**う**：安全弁	**え**：吹出し弁	**お**：空気抜き弁
か：マンホールを増締め	**き**：マンホールを開放	**く**：溶存酸素		**け**：りん酸イオン
こ：全蒸発残留物	**さ**：残圧	**し**：残熱	**す**：冷却	**せ**：保温 **そ**：乾燥
た：清掃	**ち**：硬度	**つ**：酸消費量	**て**：底部からのブロー	**と**：ドレンの排出
な：pH	**に**：中央値付近	**ぬ**：低め	**ね**：高め	**の**：1 MPa **は**：0.1 MPa
ひ：60℃	**ふ**：90℃			

（2） 燃焼ガス側を清掃する方法のうち，次の方法について簡潔に説明せよ.

    スチームソーキング法

    ウォータソーキング法

    サンドブラスト法

    スチールショットクリーニング法

（3） 主要な点検事項を，ドラム内部について1項目，水管，過熱管及びエコノマイザ管の外観の異常状態について5項目挙げよ.

(解 答)

（1）　① け　② な　③ ね　④ て　⑤ は　⑥ お　⑦ ふ

     ⑧ き　⑨ し　⑩ そ

（２）

方　　法	方　法　の　説　明
スチームソーキング法	蒸気などによってすすに湿りを与えてワイヤブラシ，スクレッパなどですすを除去する.
ウォータソーキング法	噴霧水を吹き付け，湿りを与えてワイヤブラシ，スクレッパなどですすを除去する.
サンドブラスト法	砂粒を吹き付けてすすなどを落とす.
スチールショットクリーニング法	小さな鋼球を降らしてすすなどを落とす.

（３）

点　検　対　象	主　要　な　点　検　事　項
ドラムの内部	①スケール，スラッジの付着状況 ②ドラム内部装置の取り付け状況
水管，過熱管及びエコノマイザ管の外観の異常状態	①管群，管列の乱れ，曲り状況 ②拡管部の漏れの形跡の有無 ③腐食の形跡の有無 ④摩耗の形跡の有無 ⑤膨出や割れの形跡の有無 ⑥減肉の形跡の有無 ⑦すすの付着の有無

（問題）3

エコノマイザの取扱いに関する次の文中の　　　　内に入る適切な語句を答えよ.

（１）　エコノマイザに安全弁又は逃がし弁が設置される場合には，吹出し圧力を胴の安全弁より　①　調整しなければならない.

（２）　ボイラーを起動するとき，二胴形放射ボイラーのごとくエコノマイザの燃焼ガスの上流に　②　がある場合は，燃焼ガスを通すと給水の温度が上昇して蒸気が発生しても，そのままボイラーに通水する．エコノマイザの燃焼ガスの上流に　②　がない場合には，ボイラー水の一部をエコノマイザ入口に供給して，ボイラー水の一部を循環させることがある.

（３）　ボイラーを休止するときは，空気中の水分の　③　によって外部腐食が生じることを防止するため，十分清掃する.

（４）　冬期には内部の水を抜いておかないと，　④　により破損することがあるので注意する.

（5） エコノマイザの内面腐食は，給水に溶解した ⑤ によることが多いので，給水は ⑥ することが必要である.

（6） エコノマイザの給水側に沈殿物や付着物が生じると ⑦ 抵抗が大きくなり，また，⑧ も低下する. この傾向は，エコノマイザ出入口の ⑨ 及び ⑩ の指示値で推測することができる.

（7） エコノマイザの低温腐食は，排ガス中の ⑪ の一部が酸化して ⑫ となり，さらに水分と化合して生じた硫酸蒸気によって発生する. 低温腐食を防止するためには，なるべく ⑬ の少ない燃料を使用し ⑭ を心がけること，また，エコノマイザの ⑮ を高めることが必要である.

（解　答）

（1）　① 高く

（2）　② 蒸発水管

（3）　③ 凝縮

（4）　④ 凍結

（5）　⑤ 酸素　　⑥ 脱気

（6）　⑦ 流動　　⑧ 熱貫流率　　⑨ 圧力計　　⑩ 温度計

（7）　⑪ SO_2　　⑫ SO_3　　⑬ 硫黄分　　⑭ 低酸素燃焼　　⑮ 入口給水温度

（問題）4

石炭焚き流動層ボイラーの点火・昇圧時の各操作を順不同に並べた次のAからKまでの記述を，手順図のとおり正しい手順に並べ替えた場合，手順図の④及び⑦の手順に当てはまる最も適切な操作の組合せは（1）～（5）のうちどれか. なお，手順①の操作はA，手順③の操作はB，手順⑥の操作はCであるものとする.

操作に関する記述

　A　ドラム水位が常用水位であることを確認する.

　B　媒体循環・灰処理装置を起動する.

　C　脱気器給水ポンプ，ボイラー給水ポンプを起動する.

　D　石炭供給装置を起動する.

　E　流動層の層高（バブリング時）が正常であることを確認する.

　F　ボイラー水循環ポンプが設けられている場合はポンプを起動する.

　H　流動媒体の温度が所定の温度になったら石炭を投入する.

　J　ファンを起動してプレパージを開始する.

K　起動用バーナまたは熱風炉バーナを点火し，ボイラーを昇温・昇圧する.

手順図
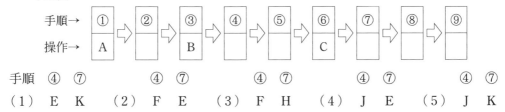

手順　④　⑦　　　　④　⑦　　　　④　⑦　　　　④　⑦　　　　④　⑦
（１）　E　K　　（２）　F　E　　（３）　F　H　　（４）　J　E　　（５）　J　K

（解　答）

答　5

（注）

ボイラー起動時，特に気をつけなければならないのは，

1　ボイラー水の不足によるボイラーの空焚き

2　燃焼室や煙道における未燃焼ガスの爆発

である.

（問題）5

ボイラーの酸洗浄に関する次のAからEまでの記述のうち，誤っているもののみの組合せは（１）～（５）のうちどれか.

A　りん酸による潤化処理を行うことにより，ボイラー運転中に水側に付着したシリカを主成分とする硬質スケールを酸洗浄により除去できる.

B　酸洗浄は，必要な経費は機械的除去方法に比較して一般的に割高であるが，狭隘部のスケールも除去できる.

C　酸洗浄に際しては，前もって熱負荷の高い付近の管を抜管して，スケールの量，厚み等を予備調査する.

D　酸洗浄には，塩酸，くえん酸，キレート剤などが多く使用される.

E　酸洗浄の洗浄液の流速は，懸濁物の排出や管の損耗を考慮して，5 m/s～10 m/s を確保する.

（１）　A，C　　（２）　A，E　　（３）　B，C　　（４）　B，D　　（５）　D，E

（解　答）

答　2

（注）1　Aについて

シリカを潤化するには，炭酸ナトリウム，水酸化ナトリウム等に潤化剤を加えたものを用いる．

りん酸は，スケールを溶解するための薬品である．

（注）2　Eについて

流速が速いと，エロージョンやコロージョンが大きくなるため，流速は3m/sを超えないことが望ましい．

（問題）6

ボイラーの運転中の異常の原因などに関する次のAからEまでの記述のうち，誤っているもののみの組合せは（1）～（5）のうちどれか．

A　異常な臭気の原因の一つには，低水位により，本体，保温材などが焼けていることがある．

B　燃焼中に火炎が赤いのは，空気過剰であるので，燃焼空気を少なくする．

C　煙道ガスや予熱空気の異常な高温は，単なる火炎の短絡よりもむしろ二次燃焼が原因である．

D　蒸気漏れは少量であっても，煙突から出る煙の色によって容易に確認することができる．

E　炉内の異常なドラフト変動は，ボイラーからの水漏れによることがある．

（1）A，C　　（2）A，E　　（3）B，C　　（4）B，D　　（5）D，E

（解　答）

答　4

（注）1　Bについて

火炎が赤いのは，空気不足のためである．

空気が不足すると燃料が不完全燃焼をおこして遊離炭素が発生し，これが赤く光るようになる．

（注）2　Dについて

漏れた蒸気が少量の場合は，煙の色で見分けることはむずかしい．

漏れた蒸気は水蒸気となって排ガスと共に排出されるが，水蒸気は無色のため，少量であればそのまま空気中に拡散されてしまい，見分けることができない．

漏れた蒸気が白く見えることがあるのは，蒸気が冷却されて細かい水滴となるためである．

3. 燃料及び燃焼に関する知識

（問題）1

質量比で，炭素 $c = 0.87$，水素 $h = 0.13$ を成分とする灯油を燃焼するとき，次の問に答えよ．

ただし，燃焼用空気は，体積比で，O_2 が 21%，N_2 が 79% で，燃料は完全燃焼するものとし，気体の体積は標準状態（0℃，101.325 kPa）に換算した値とする．

（1） この灯油の燃焼反応式を示せ．

（2） この燃料を空気比 $m = 1.1$ で燃焼させる場合，次の①～⑥の値を求めよ．

　　答は，それぞれ本問で使用している記号を用いた計算式及び計算の過程を示し，結果はすべて，小数点以下第 3 位を四捨五入せよ．

　　① 理論空気量 A_o 及び実際空気量 A〔m^3/kg（燃料）〕

　　② 理論乾き燃焼ガス量 V_{do}〔m^3/kg（燃料）〕

　　③ 実際の乾き燃焼ガス量 V_d〔m^3/kg（燃料）〕

　　④ 実際の湿り燃焼ガス量 V_w〔m^3/kg（燃料）〕

　　⑤ $(CO_2)_{max}$〔%〕

　　⑥ 発生する全燃焼ガス量に対する各成分ガス（N_2，O_2，CO_2，H_2O）の体積比〔%〕

（解　答）

（1） 燃焼反応式

$$C + O_2 \rightarrow CO_2$$

$$2\,H（又は H_2）+ \frac{1}{2}O_2 \rightarrow H_2O$$

（2）

① 理論空気量 A_o

　（理論酸素量）＝（理論空気量）×（空気中の酸素の比率）

であり，空気中の酸素の比率が 21% であるから

$$（理論酸素量）＝\frac{21}{100}×（理論空気量）$$

$$（理論空気量）＝\frac{100}{21}×（理論酸素量）$$

（理論酸素量）＝（炭素の燃焼に必要な酸素量）＋（水素の燃焼に必要な酸素量）である．1 kmol の燃料に必要な酸素は 22.4 m^3
であるから，

1 kg の炭素の燃焼に必要な酸素は $\dfrac{22.4}{12}$ m^3

1 kg の水素の燃焼に必要な酸素は $\dfrac{\frac{1}{2} \times 22.4}{2}$ m^3

となる．

$$（理論空気量）＝\frac{100}{21} \times \left\{ \frac{22.4}{12} \times （炭素量）＋\frac{\frac{1}{2} \times 22.4}{2} \times （水素量） \right\}$$

$$A_0 = \frac{100}{21}\left(\frac{22.4}{12}\,c + \frac{22.4}{2 \times 2}\,h \right)$$

$$= \frac{100}{21}\left(\frac{22.4}{12} \times 0.87 + \frac{22.4}{2 \times 2} \times 0.13 \right)$$

$$= \frac{100}{21} \times (1.624 + 0.728)$$

$$= \frac{100}{21} \times 2.352$$

$$= 11.200$$

答　11.20 m^3/kg（燃料）

実際空気量 A

$$（空気比）＝\frac{（実際空気量）}{（理論空気量）}$$

であるから

（実際空気量）＝（空気比）×（理論空気量）

$$A = m \cdot A_o$$

$$= 1.1 \times 11.20$$

$$= 12.320$$

答　12.32 m^3/kg（燃料）

② 理論乾き燃焼ガス量 V_{do}

（理論乾き燃焼ガス量）＝（燃焼で発生した二酸化炭素）＋（理論空気中の窒素）

$$V_{do} = \frac{22.4}{12}\,c + 0.79\,A_o$$

$$= \frac{22.4}{12} \times 0.87 + 0.79 \times 11.20$$

$$= 1.624 + 8.848$$

$$= 10.472$$

答　$10.47\ \mathrm{m^3/kg}$（燃料）

③　実際の乾き燃焼ガス量

（実際の乾き燃焼ガス量）＝（理論乾き燃焼ガス量）＋（過剰空気量）

であるから，

$$V_d = V_{do} + (m-1)A_o$$

$$= 10.472 + (1.1-1) \times 11.20$$

$$= 10.472 + 1.120$$

$$= 11.592$$

答　$11.59\ \mathrm{m^3/kg}$（燃料）

④　実際の湿り燃焼ガス量

（実際の湿り燃焼ガス量）＝（実際の乾き燃焼ガス量）＋（燃焼で発生した水蒸気量）

$$V_w = V_d + \frac{22.4}{2}\,h$$

$$= 11.592 + \frac{22.4}{2} \times 0.13$$

$$= 11.592 + 1.456$$

$$= 13.048$$

答　$13.05\ \mathrm{m^3/kg}$（燃料）

⑤　$(CO_2)_{max}$〔％〕

$$(CO_2)_{max} = \frac{\dfrac{22.4}{12} \times c}{V_{do}} \times 100$$

$$= \frac{\dfrac{22.4}{12} \times 0.87}{10.472} \times 100$$

$$= 15.508$$

答　15.51%

⑥ 発生する全燃焼ガス量に対する各成分ガスの体積比（%）

N_2：燃焼ガス中の N_2 は燃焼に用いた空気中のものであるから，

$$（N_2 \text{ の体積割合}）= \frac{0.79 \times （\text{実際空気量}）}{（\text{湿り燃焼ガス量}）} \times 100$$

$$= \frac{0.79 \cdot A}{V_w} \times 100$$

$$= \frac{0.79 \times 12.32}{13.048} \times 100$$

$$= 74.592$$

答　74.59%

O_2：燃焼ガス中の O_2 は，過剰空気中に含まれていたものであるから，

$$（O_2 \text{ の体積割合}）= \frac{0.21 \times （\text{空気比}-1）\times （\text{理論空気量}）}{（\text{湿り燃焼ガス量}）} \times 100$$

$$= \frac{0.21(m-1)A_o}{V_w} \times 100$$

$$= \frac{0.21 \times (1.1-1) \times 11.2}{13.048} \times 100$$

$$= \frac{0.2352}{13.048} \times 100$$

$$= 1.803$$

答　1.80%

CO_2：燃焼ガス中の CO_2 は，炭素の燃焼によって生じたものであり，1 kmol の炭素（C）から 1 kmol の二酸化炭素（CO_2）が発生するから，

$$（CO_2 \text{ の体積割合}）= \frac{（\text{炭素の燃焼で発生した } CO_2）}{（\text{湿り燃焼ガス量}）} \times 100$$

$$= \frac{\dfrac{22.4}{12} \times c}{V_w} \times 100$$

$$= \frac{\dfrac{22.4}{12} \times 0.87}{13.048} \times 100$$

$$= \frac{1.624}{13.048} \times 100$$

$$= 12.446$$

答　12.45%

H$_2$O：燃焼ガス中の H$_2$O は，水素の燃焼によって生じたものであり，1 kmol の水素から 1 kmol の水蒸気（H$_2$O）が発生するから，

$$（H_2O \text{の体積割合}）=\frac{（\text{水素の燃焼で発生した} H_2O）}{（\text{湿り燃焼ガス量}）}\times100$$

$$=\frac{\dfrac{22.4}{2}\times h}{V_w}\times100$$

$$=\frac{\dfrac{22.4}{2}\times0.13}{13.048}\times100$$

$$=\frac{1.456}{13.048}\times100$$

$$=11.159$$

答　11.16%

（注）1　液体燃料，固体燃料

　燃焼計算の基礎は，

$$C+O_2=CO_2$$

$$H_2+\frac{1}{2}O_2=H_2O$$

という燃焼反応式と 1 kmol（原子量や分子量に kg をつけた量）の気体の体積が 22.4 m^3 であるということである．そのため燃焼に関連のある物質の原子量や分子量はぜひ覚えておいてほしい．

物質名	元素記号	原子量	分子式	分子量
水　　素	H	1	H$_2$	2
炭　　素	C	12		
窒　　素	N	14	N$_2$	28
酸　　素	O	16	O$_2$	32
硫　　黄	S	32		
水（水蒸気）			H$_2$O	18
二酸化炭素			CO$_2$	44
メ タ ン			CH$_4$	16
プロパン			C$_3$H$_8$	44

このことから,

$$\text{C} \quad + \quad \text{O}_2 \quad = \quad \text{CO}_2$$

12kg	32kg	44kg
12kg	22.4 m³	22.4 m³
1kg	$\dfrac{22.4}{12}$ m³	$\dfrac{22.4}{12}$ m³

$$\text{H}_2 \quad + \quad \frac{1}{2}\text{O}_2 \quad = \quad \text{H}_2\text{O}$$

2kg	$\dfrac{1}{2}\times 32$kg	18kg
2kg	$\dfrac{1}{2}\times 22.4$kg	22.4kg
1kg	$\dfrac{1}{2}\times\dfrac{22.4}{2}$ m³	$\dfrac{22.4}{2}$ m³

となることが分かる.

(注) 2 気体燃焼の場合

「同じ温度, 同じ圧力, 同じ体積の気体は, 気体の種類に関係なく同じ数の分子を含む」

というアボガドロの法則から

$$\text{CH}_4 \quad + \quad 2\,\text{O}_2 \quad = \quad \text{CO}_2 \quad + \quad 2\,\text{H}_2\text{O}$$

(12+4)kg	2×32kg	= (12+32)kg	2×18kg
1 m³	2 m³	1 m³	2 m³

$$\text{C}_3\text{H}_8 \quad + \quad 5\,\text{O}_2 \quad = \quad 3\,\text{CO}_2 \quad + \quad 4\,\text{H}_2\text{O}$$

1 m³	5 m³	3 m³	4 m³

となる.

(問題) 2

下表は, 現在, ボイラーで一般的に用いられている燃料種別の燃焼方式を示したものである. 表の各燃焼方式について, それぞれ簡潔に説明せよ.

燃料種別の燃焼方式

燃料種別	燃　焼　方　式
気体燃料	予混合燃焼
	拡散燃焼
液体燃料	噴霧燃焼
固体燃料	微粉炭燃焼
	ストーカ（火格子）燃焼
	流動層（床）燃焼

（解　答）

燃料種別	燃焼方式	燃焼方式の簡潔な説明
気体燃料	予混合燃焼	燃焼用の空気と燃料ガスとを予め混合しておいて燃焼するもの
	拡散燃焼	炉内に噴射した空気流中に燃料ガスを吹き込み拡散させて燃焼するもの
液体燃料	噴霧燃焼	燃料を微粒化して燃焼用空気と共に火炉内に噴射し燃焼させるもの
固体燃料	微粉炭燃焼	固体燃料を微細な粒子に粉砕して搬送用空気及び燃焼用空気と共にバーナから炉内へ吹き込み燃焼させるもの
	ストーカ（火格子）燃焼	火格子の上に固体燃料を置き，下から燃焼用空気を送って燃焼するもの
	流動層（床）燃焼	火炉の底に多孔板を設置し，砂や石灰石粒子を層状に詰め，空気を多孔板から送って流動層を形成し，この流動層中に固体燃料粒子を供給して流動状態で燃焼させるもの

（問題）3

低温腐食防止対策に関する次の文中の ☐ 内に入る適切な語句を答えよ．

（1）　燃料の低硫黄化

　　　SO_x の低減には，硫黄分の少ない燃料を使用することが一つの手段である．天然ガス（主にメタン）やプロパンガスは硫黄分をほとんど含まないから，クリーン燃料として使用量が大幅に増大している．日本では天然ガスを液化して，いわゆる ① として世界各国から輸入しており，ボイラー燃料や ② の原料として多用されている．

　　　液体燃料としての石油についてみると，我が国は大部分を輸入に頼っている．原油中の硫黄分は産出国によって様々であり，硫黄分が 1 ～ 3 ％超の重油については， ③ して，低硫黄重油とすることが広く行われている．

（2）　材料の耐食性と選択

　　　軟鋼は濃度の高い ④ には耐えるが， ⑤ には激しく浸される．ボイラーの伝熱面温度が ⑥ 以下であるとき，その面に凝縮する酸は，表面温度が高いほど ⑦ ．したがって， ⑥ 及びこれよりわずかに低い温度では腐食は少ないが，温度が低くなると水分の凝縮量が増加し，酸の濃度が小さくなるので腐食は急激に増大し，表面温度が100～120℃で最高に達する．

　　　ステンレス鋼は一般に耐食性が大きいが， ⑤ に対しては耐食性は小さい．その他の特殊鋼にしても，広範囲の酸濃度及び温度で十分な耐食性を有するものはないが，空気予熱器用伝熱板の材料としては，比較的耐食性のよいセラミックスや ⑧ 被覆鋼が実用化されている．

（3）　設計及び運転操作

　　空気予熱器の低温腐食を低減するために，金属の表面温度が　⑥　以下にならないよう次のような設計上の努力が払われている．

A　　⑨　空気予熱器を併用する．

B　予熱された空気の一部を空気予熱器に　⑩　する．

C　予熱される空気の一部を　⑪　させる．

D　燃焼ガスと空気を　⑫　にする．

　　いずれの方法も，表面温度を　⑥　以上に保つことは　⑬　を犠牲にすることになるから，熱経済性と腐食損失の兼ね合いを考えなければならない．

　　また，最近は　⑭　燃焼に大きな関心がもたれてきた．　⑭　燃焼を行えば当然燃焼ガス中の酸素は減少し，酸素が少なければ SO₂ から SO₃ への　⑮　は低下し，　⑥　も低くなり，腐食は減少する．このように　⑭　燃焼は，防食効果があるばかりでなく，ボイラー効率にも良いので望ましい手段であるが，このためには，高性能の燃焼装置と高度な管理が必要である．

（解　答）

（1）　①　LNG　　②　都市ガス　　③　直接脱硫

（2）　④　硫酸　　⑤　希硫酸　　⑥　露点　　⑦　濃い　　⑧　エナメル

（3）　⑨　蒸気式　　⑩　再循環　　⑪　バイパス　　⑫　並行流　　⑬　熱効率

　　　⑭　低酸素　　⑮　酸化率

（問題）4

燃料及び燃焼に関する次のAからEまでの記述のうち，誤っているもののみの組合せは（1）〜（5）のうちどれか．

A　燃料を空気又は酸素のあるところで徐々に温度を上げたとき，自己発熱燃焼を開始する最低温度を着火点又は着火温度といい，発火温度又は発火点ともいう．

B　石炭の工業分析は，試料を分析室の温度・湿度条件下で恒量にした状態（気乾試料）にして測定するが，水分，固定炭素及び灰分の3項目からなっている．

C　理論燃焼温度は，理論空気量で完全燃焼させ，外部への熱の放出の無い状態で，理論的に到達し得る最高火炎温度を示す．

D　燃焼室内は高温なので，燃焼生成水蒸気は気体の状態で存在し排出されることから，炉内で利用できる熱は，高発熱量ベースとなる．

E　空気で満たされている燃焼室に可燃ガスが漏れ込んだりして，混合気体濃度が爆発限

　界内になった場合，着火源があると爆発燃焼を起こすが，その下限値は，メタンガスで５％前後，液化石油ガスでは２％前後である．

（１）A，C　　（２）A，E　　（３）B，C　　（４）B，D　　（５）D，E

（解　答）

答　4

（注）１　Bについて

　石炭の工業分析は，水分，揮発分，固定炭素及び灰分の４項目からなっている．

（注）２　Dについて

　燃焼室から排出される燃焼ガスは高温のため，そこに含まれている生成水蒸気は気体のままである．そのため炉内では水蒸気の蒸発熱は利用できない．したがって炉内で利用できる熱は低発熱量となる．

・高発熱量

　カロリーメーターによって測定された値であって，水蒸気の蒸発熱を含んだ値，高位発熱量，総発熱量ともいう．

・低発熱量

　高発熱量から燃焼ガス中の水蒸気の蒸発熱を減じたもの，低位発熱量，真発熱量ともいう．

（問題）5

　液体燃料の燃焼装置に関する次のAからEまでの記述のうち，誤っているもののみの組合せは（1）～（5）のうちどれか．

A　バーナに供給する燃料油量を負荷に応じて調節するために，燃料調節弁とポンプの間に循環ラインを設け，これに圧力調節弁を設け，二次側の圧力を一定に保つように循環量を調節する．

B　ストレージタンク（貯油槽）には，通常１週間から１か月の使用量の燃料油を受け入れて貯蔵する例が多く，フロート式の液面計などを装備してタンク内の残油量を管理する．

C　噴燃ポンプの保護のため，ポンプの吸込み側にストレーナを設けて，燃料や配管中のごみ，溶接くずなどの固形物を除去する．

D　油加熱器には，噴燃ポンプ出口に設置してバーナの構造に合った適正粘度に油を加熱する主油加熱器があり，電気式と蒸気式がある．

E　燃料油をバーナから噴射するのに必要な圧力まで昇圧して供給するポンプが噴燃ポン

プであり，ディフューザポンプが多く用いられる．

（1）A，C　　（2）A，E　　（3）B，C　　（4）B，D　　（5）D，E

（解　答）

答　2

（注）1　Aについて

循環ラインに設けた圧力調節弁は，一次側の圧力を一定に保つように調節する．

二次側の圧力を一定に保つように調節するのは，圧力調節弁を燃料供給ラインに直接取り付けた場合である．

| 噴燃ポンプ | — | 圧力調節弁 | → | バーナ |

（注）2　Eについて

噴焼ポンプには，ギアポンプやスクリューポンプが多く用いられる．

ディフューザーポンプは，羽根車を回転させ，水に遠心力を与えて送り出す方式で，給水ポンプとして多く用いられている．

（問題）6

ボイラーの通風に関する次のAからEまでの記述のうち，誤っているもののみの組合せは（1）〜（5）のうちどれか．

A　煙突の有効通風力は，煙突内の高温ガスによる浮力に相当する理論通風力から，煙突出口におけるガス流速と煙突内の摩擦抵抗を考慮したものである．

B　押込み通風は，通常，燃焼室内圧を大気圧以上に保つことで空気の漏入もなく，人工通風の中では最も低廉で効果も大きいため，油焚きボイラーやガス焚きボイラーに広く用いられている．

C　平衡通風は，石炭焚きボイラーや焼却炉ボイラーのように押込み通風では燃料投入口，灰の取出し口から燃焼ガスが噴き出す可能性のあるボイラーなどに採用されている．

D　ラジアル形ファンは，出口角度30〜40度の後方湾曲羽根8〜24枚を備えた羽根車を使用し，ボイラー用として最も多く採用されている．

E　回転数制御では，ファンの吐出量は回転数に比例し，吐出圧力は回転数の2乗に比例し，所要動力は回転数の4乗に比例する特性がある．

（1）A，C　　（2）A，E　　（3）B，C　　（4）B，D　　（5）D，E

（解　答）

答　5

（注）1　Dについて

　ラジアル形ファンは，遠心式のファンの一種で，羽根車は，6～12枚の鋼板をボスから放射したスポークにリベット締めしたものである．

　問題文に示された形のファンは，後向き形ファンである．

（注）2　Eについて

　回転数制御では，ファンの所要動は，回転数の4乗ではなく3乗に比例する．

4. 関 係 法 令

（問題）1

鋼製ボイラーの胴の最小厚さについて，次の各問に答えよ．

なお，内圧として最高使用圧力 P を受けるボイラーの胴の最小厚さ t は，次の式により求められる．

$$t = \frac{PD}{2\sigma_a \eta - 2P(1-k)} + \alpha$$

（1）　上式において，D，σ_a，η 及び k の記号はそれぞれ何を表すか答えよ．

（2）　上式において，$P = 1.2\,\mathrm{MPa}$，$D = 1000\,\mathrm{mm}$，$\sigma_a = 102\,\mathrm{N/mm^2}$，$\eta = 1.0$，$k = 0.4$，$\alpha = 1\,\mathrm{mm}$ としたときの最小厚さ t〔mm〕を求めよ．

　　　答は，小数点以下第２位を切り上げよ．

（3）　上記（2）のとき，ボイラー構造規格に基づき，ボイラーの胴に使用する板の最小厚さ〔mm〕を答えよ．

（解 答）

（1）　D，σ_a，η 及び k

　　　D：胴の内径

　　　σ_a：材料の許容引張応力

　　　η：①長手継手の（溶接）効率（又は②穴のある部分の効率（リガメント効率））並びに①と②を合わせたもの

　　　k：胴又はドーム内の蒸気（温水ボイラーにあっては，水又は熱媒）の温度（使用温度）に応じて定められた値

（2）　胴の最小厚さ t〔mm〕

$$t = \frac{1.2 \times 1000}{2 \times 102 \times 1.0 - 2 \times 1.2 \times (1 - 0.4)} + 1$$

　　　$= 6.92$

　　　$= 7.0$（mm）

（3）　ボイラーの胴に使用する板の最小厚さ〔mm〕

　　　8 mm

（注）１　（１）について

　この算式は，JIS B8201（陸用鋼製ボイラー構造）によるものである．

　構造規格第９条（内面に圧力を受ける胴又はドームの最小厚さ）には，

　「内面に圧力を受ける胴又はドームに使用する板の最小厚さは，最高使用圧力が加わったときに当該板に生じる応力と当該板への許容引張応力とが等しくなる場合の当該板の厚さに付け代を加えた厚さとする」

とされており，通達において

　「……最小厚さの算定方法として，……JIS B8201 の規定による……」

とされている．

　JIS B8201 は，陸用鋼製ボイラーの構造である．

（注）２　（３）について

　〔構造規格　第８条（胴又はドームの板の厚さ）〕

（問題）２

　ボイラーの点火及び吹出しを行うときに，ボイラー及び圧力容器安全規則で事業者に課せられている措置をすべて述べよ．

　（１）　ボイラーの点火

　（２）　ボイラーの吹出し

（解　答）

　（１）　ボイラーの点火

　　　①　ダンパーの調子の点検

　　　②　燃焼室の十分な換気

　　　③　煙道の十分な換気

　（２）　ボイラーの吹出し

　　　①　１人で同時に２以上のボイラーの吹出しを行なわないこと．

　　　②　吹出しを行なう間は，他の作業を行なわないこと．

（注）１　（１）について

　〔安全規則　第30条（点火）〕

（注）２　（２）について

　〔安全規則　第21条（吹出し）〕

（問題）3

ボイラーの安全弁に関する次の文中の _____ 内に入る法令に規定されている適切な語句又は数値を答えよ.

（1） 蒸気ボイラーには，内部の圧力を ① 以下に保持することができる安全弁を ② 個以上備えなければならない. ただし，伝熱面積 ③ 平方メートル以下の蒸気ボイラーにあっては，安全弁を1個とすることができる.

（2） 安全弁は，ボイラー ④ の容易に検査できる位置に ⑤ 取り付け，かつ， ⑥ を鉛直にしなければならない.

（3） 引火性蒸気を発生する蒸気ボイラーにあっては，安全弁を ⑦ の構造とするか，又は安全弁からの ⑧ をボイラー ⑨ の安全な場所へ導くようにしなければならない.

（4） 過熱器には，過熱器の ⑩ 付近に過熱器の ⑪ を ⑫ 以下に保持することができる安全弁を備えなければならない.

（5） 事業者は，ボイラーの安全弁について， ① 以下で ⑬ するように調整しなければならない.

（6） 事業者は，ボイラーの附属品である過熱器用安全弁について， ⑭ の安全弁より先に作動するように調整しなければならない.

（7） 事業者は， ⑮ に，安全弁の機能の保持に努めさせなければならない.

（解　答）

（1）　①　最高使用圧力　　②　2　　③　50

（2）　④　本体　　⑤　直接　　⑥　弁軸

（3）　⑦　密閉式　　⑧　排気　　⑨　室外

（4）　⑩　出口　　⑪　温度　　⑫　設計温度

（5）　⑬　作動

（6）　⑭　胴

（7）　⑮　ボイラー取扱作業主任者

（注）1　（1）〜（3）について

〔構造規格　第62条（安全弁）〕

（注）2　（4）について

〔構造規格　第63条（過熱器の安全弁）〕

（注）3 （5），（6）について

〔安全規則 第28条（附属品の管理）〕

（注）4 （7）について

〔安全規則 第25条（ボイラー取扱作業主任者の職務）〕

（問題）4

次のAからEまでの記述のうち，法令上，規定されていないもののみの組合せは（1）～（5）のうちどれか．

A 事業者は，ボイラーの据付けの作業を行うときは，ボイラー据付け工事作業主任者技能講習を修了した者のうちから，作業主任者を選任し，その者に据付け工事に従事する労働者の指揮等を行わせなければならない．

B 事業者は，ボイラーを取り扱う労働者が緊急の場合に避難するのに支障がないボイラー室については，ボイラー室に 2 以上の出入口を設ける必要はない．

C 事業者は，ボイラーと燃料との間に適当な障壁を設ける等防火の措置を講じていないとき，固体燃料をボイラー室に貯蔵する場合は，これをボイラーの外側から1.2メートル以上離しておかなければならない．

D 事業者は，ボイラー室には，水面計のガラス管，ガスケットその他の必要な予備品及び修繕用工具類を備えておかなければならない．

E 事業者は，ボイラー取扱作業主任者に，圧力計について，使用中その機能を害するような振動を受けることがないようにさせなければならない．

（1）A，C （2）A，E （3）B，C （4）B，D （5）D，E

（解 答）

答 2

（注）1 Aについて

「ボイラー据付け工事作業主任者技能講習」の項が削除され，

「事業者は，ボイラーの据付けの作業を行うときは，当該作業を指揮するための必要な能力を有すると認められる者のうちから，当該作業の指揮者を定め，その者に次の事項を行わせなければならない．

1 作業の方法及び労働者の配置を決定し，作業を指揮すること

となっている．

〔安全規則 第16条（ボイラー据付け作業の指揮者）〕

（注） 2　Bについて

　　〔安全規則　第19条（ボイラー室の出入口）〕

（注） 3　Cについて

　　〔安全規則　第21条（ボイラーと可燃物との距離）〕

（注） 4　Dについて

　　〔安全規則　第29条（ボイラー室の管理等）〕

（注） 5　Eについて

「圧力計について，使用中その機能を害するような振動を受けることがないようにしなければならない」

ということは，ボイラー取扱作業主任者にさせることではなく，事業者が行わなければならないことである．

　　〔安全規則　第28条（附属品の管理）〕

ボイラー取扱作業主任者が行わなければならないのは，圧力を監視することである．

　　〔安全規則　第25条（ボイラー取扱作業主任者の職務）〕

（問題） 5

次のAからEまでの記述のうち，法令上，規定されていないもののみの組合せは（1）〜（5）のうちどれか．

A　温水ボイラーには，ボイラーの出口付近における温水の温度を表示する温度計を取り付けなければならない．

B　事業者は，ボイラーについて，その使用を開始した後，1か月以内ごとに1回，定期に，煙道に対し，風速の異常の有無について自主点検を行わなければならない．ただし，1か月を超える期間使用しないボイラーの当該使用しない期間においては，この限りでない．

C　自動的に点火することができるボイラーに用いる燃焼安全装置は，故障で点火することができない場合には，燃料の供給を自動的に遮断するものであって，手動による操作をしない限り再起動できないものでなければならない．

D　労働基準監督署長は，性能検査に合格したボイラーについて，そのボイラー検査証に検査期日及び検査結果について裏書を行うものとする．

E　鋼製ボイラーは，最高使用圧力の1.5倍の圧力（その値が0.2メガパスカル未満のときは，0.2メガパスカル）により水圧試験を行って異状のないものでなければならない．

（1）A，C　　（2）A，E　　（3）B，C　　（4）B，D　　（5）D，E

（解　答）

答　4

（注）1　Aについて

〔構造規格　第68条（温度計）〕

（注）2　Bについて

煙道については，〔風速〕ではなく，〔漏れ，その他の損傷の有無及び通風圧の異状の有無〕の点検を行わなければならない．

〔安全規則　第32条（定期自主検査）〕

（注）3　Cについて

〔構造規格　第85条（燃焼安全装置）第3項〕

（注）4　Dについて

労働基準監督署長が，ボイラー検査証に検査結果を記入するのは，使用再開検査に合格したボイラーについてである．

〔安全規則　第38条（性能検査等）〕

〔安全規則　第47条（ボイラー検査証の裏書）〕

（注）5　Eについて

〔構造規格　第93条（水圧試験）〕

（問題）6

次のAからEまでの記述のうち，法令上，規定されていないもののみの組合せは（1）～（5）のうちどれか．

A　事業者は，ボイラー室その他のボイラー設置場所の見やすい箇所に，ボイラー検査証並びにボイラー取扱作業主任者の資格及び氏名を掲示しなければならない．

B　登録製造時等検査機関は，構造検査のために必要があるときは，管に穴をあけることを，構造検査を受ける者に命ずることができる．

C　事業者は，ボイラー取扱作業主任者に，適宜，吹出しを行い，ボイラー水位を適切に調整させなければならない．

D　電気ボイラーの伝熱面積は，電力設備容量20キロワットを1平方メートルとみなしてその最大電力設備容量を伝熱面積に換算する．

E　ボイラー及び圧力容器安全規則において，ボイラーには，ゲージ圧力0.1メガパスカル以下の温水ボイラーで，伝熱面積が4平方メートル以下のものは含まれない．

（1）　A，C　　（2）　A，E　　（3）　B，C　　（4）　B，D　　（5）　D，E

（解　答）

答　3

（注）1　Aについて

　〔安全規則　第29条（ボイラー室の管理等）〕

（注）2　Bについて

　管に穴をあけることを命ずることができるのは，都道府県労働局長である．

　〔安全規則　第5条（構造検査）〕

　〔安全規則　第6条（構造検査を受けるときの措置）〕

（注）3　Cについて

　吹出しを行うのは，ボイラー水の濃縮を防ぐためである．

　〔安全規則　第25条（ボイラー取扱作業主任者の職務）〕

（注）4　Dについて

　〔安全規則　第2条（伝熱面積）第4項〕

（注）5　Eについて

　〔安全規則　第1条（定義）〕

　〔労働安全衛生法　施行令〕

令和3年度特級ボイラー技士試験問題と模範解答

燃 焼 社

令和 3 年度特級ボイラー技士試験問題と模範解答

1. ボイラーの構造に関する知識

(問題) 1

廃棄物焼却炉などに付設した廃熱ボイラー（ドラム運転圧力 (P) 3.92 MPa，飽和温度 (t_s) 249.8℃，過熱器出口蒸気温度 (t_h) 332℃）がある．このボイラーの過熱器は，廃ガス中の塩化物，硫化物などによる伝熱管の高温腐食が懸念されたため，耐食材料などの採用はもちろん，構造的にも見直しをし，当初廃ガスの流れに対して向流方式にて熱交換する計画であったが，並流方式でも比較検討することとした．以下の問に答えよ．

ただし，ボイラー過熱器の伝熱面形状は部分的にパネル式などの形状も含むため，平板壁とみなし得るものとし，蒸気量，廃ガス量は同一，過熱器の設置位置は両方式とも同じ廃ガス温度域とする．

また，管内外表面の付着スケール，ダストなどの汚れは無視するものとする．

検討の計算に際しては下記計画値によることとし，それぞれ本問で使用されている記号を用いた計算式を示し，答の端数処理はそれぞれの指示に従うこと．

なお，計算の過程において，下の「自然対数の真数と対数」表を使用し，その際，最も近い真数を用いること．

計画値表

項　　　　目	計　画　値
過熱器管群流入廃ガス温度 (T_1)	680℃
過熱器管群出口廃ガス温度 (T_2)	450℃
伝熱管厚さ (δ_w)	4.5 mm
伝熱管熱伝導率 (λ_w)	50 W/(m・K)（一定）
伝熱管管内熱伝達率 (α_s)	2000 W/(m²・K)（一定）
伝熱管外排ガス熱伝達率 (α_g)	100 W/(m²・K)（一定）

自然対数の真数と対数

真　数	1.7383	2.1488	2.7981	2.9492	3.6458
対　数	0.5529	0.7649	1.0289	1.0815	1.2936

(1) この過熱器管の管外から管内の熱貫流率（熱通過率） K 〔W/(m²・K)〕を求めよ．
（小数点以下第 3 位を四捨五入）

（2） この過熱器の高温部（蒸気出口部）の管外表面温度を，向流方式の場合 T_{sc}〔℃〕，並流方式の場合 T_{sp}〔℃〕とし，それぞれについて求めよ．（小数点以下第2位を四捨五入）

（3） この過熱器での，向流方式の伝熱面積 A_c に比べた並流方式での伝熱面積 A_p の比 $\dfrac{A_p}{A_c}$ を求めよ．（小数点以下第4位を四捨五入）

（解　答）

（1） 熱通過率（熱貫流率）を求める公式に，問題文の記号をあてはめると

$$\frac{1}{K} = \frac{1}{\alpha_s} + \frac{\delta_w \times 10^{-3}}{\lambda_w} + \frac{1}{\alpha_g}$$

$$= \frac{1}{2000} + \frac{4.5 \times 10^{-3}}{50} + \frac{1}{100}$$

$$= 0.0005 + 0.00009 + 0.01$$

$$= 0.01059$$

$$K = \frac{1}{0.01059}$$

$$= 94.4287 \,〔\mathrm{W/(m^2 \cdot K)}〕 \qquad 答　94.43\,\mathrm{W/(m^2 \cdot K)}$$

（2） 定常運転においては，流体から管の表面への伝熱量（熱伝達量）と，高温流体から低温流体への伝熱量（熱通過量）とは同一である．

　熱伝達量は，単位時間，単位面積について考えると，

　　（熱伝達率）×（流体と管表面との温度差）

　熱通過量は，単位時間，単位面積について考えると，

　　（熱通過率）×（高温流体と低温流体との温度差）

となる．

　向流方式について考えると，

$$\alpha_g(T_1 - T_{sc}) = K(T_1 - t_h)$$

$$T_1 - T_{sc} = \frac{K}{\alpha_g}(T_1 - t_h)$$

$$T_{sc} = T_1 - \frac{K}{\alpha_g}(T_1 - t_h)$$

$$= 680 - \frac{94.4287}{100} \times (680 - 332)$$

$$= 351.388 \,（℃） \qquad 答　351.4\,℃$$

同じようにして並流方式の場合は，

$$\alpha_g(T_2 - T_{sp}) = K(T_2 - t_h)$$

$$T_{sp} = T_2 - \frac{K}{\alpha_g}(T_2 - t_h)$$

$$= 450 - \frac{94.4287}{100} \times (450 - 332)$$

$$= 338.57 \ (\text{℃})$$

答　338.6 ℃

（3）伝熱量は，

（伝熱量）＝（熱通過率）×（伝熱面積）×（流体の温度差）

となり，このような場合の流体の温度差としては対数平均温度差を用いればよい．

Δt_{mc}：向流方式の場合の対数平均温度差

Δt_{mp}：並流方式の場合の対数平均温度差

とすると，向流方式の場合と並流方式の場合の伝熱量（蒸気が吸収する熱量）は同じであるから

$$K \times A_c \times \Delta t_{mc} = K \times A_p \times \Delta t_{mp}$$

が成り立ち，

$$\frac{A_p}{A_c} = \frac{\Delta t_{mc}}{\Delta t_{mp}}$$

となる．対数平均温度差（Δt_m）は，

Δt_1：高温流体の入口側における両流体の温度差

Δt_2：高温流体の出口側における両流体の温度差

$$\Delta t_m = \frac{\Delta t_1 - \Delta t_2}{\ln\left(\frac{\Delta t_1}{\Delta t_2}\right)}$$

であるから，

$$\Delta t_{mc} = \frac{(T_1 - t_h) - (T_2 - t_s)}{\ln \frac{T_1 - t_h}{T_2 - t_s}}$$

$$= \frac{(680 - 332) - (450 - 249.8)}{\ln \frac{680 - 332}{450 - 249.8}}$$

$$= \frac{348 - 200.2}{\ln 1.73826}$$

$$= \frac{147.8}{0.5529}$$

$$= 267.32 \ (\text{℃})$$

$$\Delta t_{mp} = \frac{(T_1 - t_s) - (T_2 - t_h)}{\ln \dfrac{T_1 - t_s}{T_2 - t_h}}$$

$$= \frac{(680 - 249.8) - (450 - 332)}{\ln \dfrac{680 - 249.8}{450 - 332}}$$

$$= \frac{430.2 - 118}{\ln 3.6458}$$

$$= \frac{312.2}{1.2930}$$

$$= 241.34 \ (℃)$$

したがって,

$$\frac{A_p}{A_c} = \frac{\Delta t_{mc}}{\Delta t_{mp}}$$

$$= \frac{267.32}{241.34}$$

$$= 1.1076 \qquad\qquad 答\quad 1.108$$

(注) 1　熱通過率

　熱通過率の逆数が伝熱抵抗であり，全伝熱抵抗は液体から管表面への熱伝達抵抗，管内の熱伝導抵抗等個々の伝熱抵抗の和となるから

$$\frac{1}{(熱通過率)} = \frac{1}{(全伝熱抵抗)}$$

$$= \frac{1}{(個々の伝熱抵抗の和)}$$

と考えると覚えやすい.

(注) 2　過熱器における流体の温度分布

　過熱器における廃ガス及び蒸気の温度分布は次のようになる.

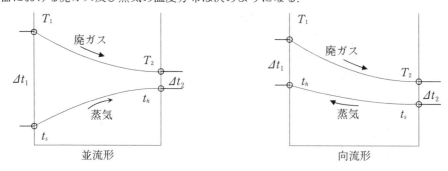

（問題）２

ボイラーに関する次の①〜⑤の用語の意味する内容を簡潔に説明せよ．

①　湿り空気の相対湿度

②　蒸気の乾き度

③　過熱蒸気

④　入出熱法によるボイラー効率

⑤　毎時換算蒸発量

（解　答）

	項　　目	説　　　　明
①	湿り空気の相対湿度	ある温度の湿り空気中の水蒸気の分圧と，その温度における水蒸気の飽和圧力との比
②	蒸気の乾き度	湿り蒸気中の飽和蒸気の質量割合
③	過熱蒸気	飽和温度以上の温度に加熱された蒸気
④	入出熱法によるボイラー効率	燃料及び燃焼空気側において，発生及び加えられた熱量のうち，実際にボイラーにおいて（水または蒸気において）吸収された熱量の比率
⑤	毎時換算蒸発量	100℃の飽和水から100℃の乾き飽和蒸気に蒸発することを基準蒸発として，実際の蒸発量を基準蒸発量に換算した蒸発量

（問題）３

次の文中の　　　　内に入る適切な語句，文，数値などを答えよ．

（１）　ボイラー材料には炭素鋼や合金鋼が用いられる．炭素鋼の性質は，主として炭素量で左右され，炭素量を多く含む材料は，一般的に硬度，強度は　①　し伸びは　②　するが，溶接部は焼入れされて硬化し　③　が発生しやすいため，ボイラーの溶接を行う部分の材料は炭素量を　④　％以下とすることが定められている．また低炭素鋼では，高温環境に長時間さらされると，はじめは Fe_3C として存在していた炭素が　⑤　を形成して脆化するなどの材質変化をおこすことも多く，応力の存在によって促進され，温度の影響も著しい．これらの炭素鋼の諸性質を改良し，耐食性などの特殊な性質を与えるために，各種合金元素を適当量添加したものを合金鋼といい，合金元素量の大小により低合金鋼と高合金鋼に分けられる．低合金鋼で，合金元素　⑥　はクリープ強度を増すうえで有効であり，合金元素　⑦　は耐酸化性でクリープ強度を改善し，耐熱鋼にはほとんど必ず添加される．また，　⑧　は強度とともに延性を増す特徴があり，その他，マンガン，けい素，バナジウムなども少量添加することもあるが，一般的に焼

きが入りやすいので ⑨ が悪く，予熱，焼鈍に注意する必要がある．合金元素の量を多くした高合金鋼では，金属組織も変わり，特殊な性質をもっているので，用途によって最適な鋼種を選定する必要がある．

（2） 自然循環式の水管ボイラーでは，ドラムと水管とで水の循環回路をつくるように構成される．蒸発水管と加熱されない水管とで水の循環回路を作ったボイラーでは，蒸発管では水は蒸気を発生して ⑩ となり， ⑪ が減少するため上昇流となり，非加熱管では水の下降流を生じて下降管となる．非加熱の下降管では管内の水の ⑪ は一定であるため，管摩擦抵抗や管の入口や曲りなどの流動損失だけであるが，加熱される蒸発管では，それらの損失に加え，流れに沿って ⑪ が減少し流速が増大することによる ⑫ 損失を生ずる．これら循環回路の全流動抵抗は，下降管と蒸発管内流体の ⑪ の差による圧力差（循環力）によって生ずる流量とバランスする．熱負荷を増すと蒸発管内の蒸気割合が増加し ⑩ の ⑪ が減少するが，ある程度以上になると流速の増加による流動抵抗が著しく増大するため，実際の循環量は増加しなくなる．

実際のボイラーでは，確実な循環を維持し，水管の冷却を十分行わせるには蒸発管入口流速は少なくとも ⑬ m/秒程度以上とされる．また，蒸気圧力の ⑭ ボイラーでは，蒸気の ⑪ が大きいため，その ⑩ の ⑪ は減少度合が少ないので循環力は低下しがちであり，上下ドラム間の高さを ⑮ することや，降水管を完全に非加熱状態とするなどの構造の配慮などが必要となる．

（解　答）
（1）　①　上昇　　②　減少　　③　割れ　　④　0.35　　⑤　黒鉛粒子
　　　　⑥　モリブデン　　⑦　クロム　　⑧　ニッケル　　⑨　溶接性
（2）　⑩　気水混合物　　⑪　密度　　⑫　加速　　⑬　0.3　　⑭　高い　　⑮　大きく

（問題）4
ボイラーの材料，伝熱，構造などに関する次のAからEまでの記述のうち，誤っているもののみの組合せは（1）〜（5）のうちどれか．

A　蒸気の熱を仕事に変換する場合は，過熱度の大きい高圧の過熱蒸気を用いる方が有利であるが，蒸気を加熱用に使用する場合は，蒸発潜熱の大きい低圧の飽和蒸気を用いる方が有利である．

B　過熱器のあるボイラーにおいて，伝熱面の配置を蒸発部と過熱部に分けると，高温高圧ボイラーでは全吸収熱量のうち過熱器の割合が大きく，比較的圧力の低いボイラーで

は蒸発部の占める割合が大きい.

C　鉄鋼材料が，繰返し荷重により繰返し応力が生じ，引張強さよりも低い応力で破壊することを材料の疲れという．繰返し応力がある値以下では破断しない．この限界の応力を材料の疲れ限度という．一般的な鉄鋼材料の疲れ限度は，引張強さの0.4～0.6程度である.

D　一般に鉄鋼材料は，高温である応力を長時間加えると，比較的小さな応力でも徐々に変形が進行し，ときには破断に至る現象を生ずる．この現象をクリープといい，炭素鋼では350℃以下であってもクリープの影響を考慮する必要がある.

E　ボイラーの部分に温度差があると高温部は低温部より伸びようとするが，この伸びが拘束されるとそこに応力が生じ，この応力を熱応力という．この値は，炭素鋼では温度差4℃につき約 $1\,\mathrm{N/mm^2}$ 程度である.

（1）A，C　　（2）A，E　　（3）B，C　　（4）B，D　　（5）D，E

（解　答）

答　5

（注）　1　Dについて

炭素鋼は，350℃以下ではクリープを考えなくてもよい.

（注）　2　Eについて

炭素鋼の熱応力は，温度差4℃につき $9.8\,\mathrm{N/mm^2}$（従来単位では，$1\,\mathrm{kg/mm^2}$）　程度である.

（問題）5

ボイラーの附属設備，附属装置，附属品などに関する次のAからEまでの記述のうち，誤っているもののみの組合せは（1）～（5）のうちどれか.

A　エコノマイザや空気予熱器を設置することによって，排ガス温度を下げることで排ガス熱を回収し，ボイラー効率を改善させることができるが，エコノマイザを設置する場合には，使用材料によって，燃料・燃焼排ガス性状や給水温度との関係でエコノマイザ単独で改善できる効率には限界がある.

B　回転再生式空気予熱器は，鋼管形や板形の伝熱式空気予熱器に比べ，単位容積当たりの伝熱量が2～4倍大きくとれるので小型にできるが，空気の漏れが多くなるなどの欠点がある.

C　低温ガスもしくは低温空気，またはそれらの両方と接触する空気予熱器の低温部は，硫酸腐食や水蒸気露点の低 pH 凝縮水の腐食が懸念されるため，他の熱源を用いてでも

あらかじめ空気を予熱する蒸気式空気予熱器などを設置することは有効である.

D　ブルドン管圧力計は，一般用，蒸気用，耐熱用，蒸気・耐振用などに区分されているが，蒸気用や耐熱用であれば使用温度が高いところでも使用できるので，ブルドン管に蒸気や高温の水が入っても差し支えない.

E　安全弁の入口側の圧力が増加して出口側で流体の微量な流出が検知されるときの入口側の圧力を吹始め圧力といい，安全弁がポッピングするときの入口側の圧力を吹出し圧力という. また，入口側の圧力が減少して弁体が弁座と再接触するとき（リフトが０になったとき）の入口側の圧力を吹下り圧力という.

（１）　A，C　　（２）　A，E　　（３）　B，C　　（４）　B，D　　（５）　D，E

（解　答）

答　5

（注）１　Dについて

蒸気用は，周囲温度が10～50℃の場所に装備して使用するが，圧力媒体が運転開始時の水蒸気のように一時的に100℃の高温に耐えるもの.

耐熱用は，周囲温度が最高80℃になる場所に取り付けて使用するものである.

どちらの圧力計もブルドン管には，サイホン管を設けるなどして，蒸気や高温の媒体が入らないようにしなければならない.

（注）２　Eについて

吹下り圧力とは，吹出し圧力又は吹始め圧力と吹止まり圧力の差である.

入口側の圧力が減少して弁体が弁座と再接触するときの入口側の圧力は，吹止まり圧力である.

（問題）6

ボイラーの自動制御に関する次のAからEまでの記述のうち，誤っているもののみを二つ選べ.

A　自然循環式ボイラーにおけるドラム水位の逆応答は，ドラム内で気水分離がよく行われている構造のものではその現象の程度が少なくなり，高圧ボイラーに比べボイラー水中の蒸気の比体積の大きい低圧ボイラーほど逆応答の傾向は著しくなる.

B　ボイラーの圧力制御方式において，比率制御方式は蒸気圧力を検出してそれによって燃料量と空気量を同時に調節する方式であり，並列制御方式は蒸気圧力のほかに燃料量と空気量を検出してそれによって空燃比が適正な値となるよう燃料量と空気量を調節する方式である.

C　過熱器蒸気温度の制御における制御量としては，注水式過熱低減器における注水量，過熱器を通過する燃焼ガスの一部をバイパスさせるときのバイパスガス量，ボイラー後部の低温ガスを火炉に再循環させるときの再循環ガス量，火炉の吸収熱を変えるときのバーナ噴射角度などがある．

D　効率良く燃焼を行わせるための空燃比の制御において，燃焼ガス成分組成が変わることを利用した，O_2 を検出して制御システムに組み込む方法があるが，正確な制御が可能となる反面，試料採取の時間遅れや保守などの難点もある．最近ではジルコニア式 O_2 計が一般的に使用される．

E　ガス燃焼火炎の検出に関しては，普通の火炎検出器で検出できる放射光の波長範囲内では，ガス燃焼の火炎は炉壁よりも放射光量が小さいため検出できないことから，炉壁からの放射光量が 0 近くになる紫外線領域での検出を利用した紫外線光電管方式の火炎検出器を用いる．

（解　答）

答　B，C　（順不同）

（注）　1　B について

説明が逆になっている．

比率制御方式は，蒸気圧力のほかに燃料量，空気量を検出して，蒸気圧力によって調節された結果を更に修正する方式である．

並列制御方式は，蒸気圧力を検出して，調節器によって燃料量と空気量を同時に調節する方式である．

（注）　2　C について

これらは，制御量ではなく操作量である．

制御量：規定範囲内に収めることが目的になっている量．

操作量：制御量を支配するために調節する量

である．

2. ボイラーの取扱いに関する知識

（問題）1

常用圧力 1.5 MPa で運転するボイラーで，軟化装置の硬度リークにより，りん酸三ナトリウム（Na_3PO_4）と水酸化ナトリウム（NaOH）の注入量を調整して運転しなければならない場合，次の問に答えよ．

ただし，給水中の全硬度は 75 mg CaCO₃/L で，そのうちカルシウム硬度は 55 mg CaCO₃/L とする．

なお，各物質の式量は以下の通りとする．

物 質	Ca^{2+}	Mg^{2+}	$CaCO_3$	NaOH	Na_3PO_4	PO_4^{3-}
式 量	40	24	100	40	164	95

答は，いずれも，計算式及び計算の過程を示し，計算結果は小数点以下第2位を四捨五入せよ．なお，計算式は，計算に用いる値を示す語句，及び，物質の分子量（式量）については当該物質の化学式を用いて表すこと．

（1） 給水中のカルシウムイオン（Ca^{2+}）濃度〔mg Ca^{2+}/L〕及びマグネシウムイオン（Mg^{2+}）濃度〔mg Mg^{2+}/L〕を求めよ．

（2） 給水 1 L 中の硬度成分を浮遊性のスラッジにするのに必要なりん酸三ナトリウム（Na_3PO_4）の量〔mg/L〕及び水酸化ナトリウム（NaOH）の量〔mg/L〕を求めよ．

　　ただし，カルシウムイオン（Ca^{2+}），マグネシウムイオン（Mg^{2+}）の硬度成分を浮遊性のスラッジにする，りん酸三ナトリウム（Na_3PO_4），水酸化ナトリウム（NaOH）は次のように反応する．また，シリカ（SiO_2）の含有量は無視するものとする．

　$5 Ca(HCO_3)_2 + 3 Na_3PO_4 + NaOH$

　　$\rightarrow Ca_5(OH)(PO_4)_3 + 5 Na_2PO_3 + 5 CO_2 + 5 H_2O$

　$MgCl_2 + 2 NaOH$

　　$\rightarrow Mg(OH)_2 + 2 NaCl$

（3） 給水量に対する連続ブロー率を20%とし，ボイラー水の pH を11.5に保持するのに，ボイラー水のりん酸イオン（PO_4^{3-}）濃度を30 mg PO_4^{3-}/L，水酸化ナトリウム（NaOH）濃度を140 mg NaOH/Lに維持するものとする．この時，給水 1 L 当たりのりん酸三ナトリウム（Na_3PO_4）の損失量〔mg/L〕と水酸化ナトリウム（NaOH）の損失量〔mg/L〕をそれぞれ求めよ．

（解　答）

（1）

$$\text{Ca 濃度〔mg Ca}^{2+}/\text{L〕} = \text{Ca 硬度〔mg CaCO}_3/\text{L〕} \times \frac{\text{〔Ca}^{2+}\text{〕}}{\text{〔CaCO}_3\text{〕}}$$

$$= 55 \times \frac{40}{100}$$

$$= 22.00 \text{〔mg Ca}^{2+}/\text{L〕}$$

答　22.0 mg Ca^{2+}/L

$$\text{Mg 濃度〔mg Mg}^{2+}/\text{L〕} = \text{Mg 硬度} \times \frac{\text{〔Mg}^{2+}\text{〕}}{\text{〔CaCO}_3\text{〕}}$$

$$= (75-55) \times \frac{24}{100}$$

$$= 4.80 \text{〔mg Mg}^{2+}/\text{L〕}$$

答　4.80 mg Mg^{2+}/L

（2）　5 の〔Ca〕に対して 3 の〔Na$_3$PO$_4$〕

　　　1 の〔Mg〕に対して 2 の〔NaOH〕

　　が必要なわけであるから，

　　　Ca 硬度に対する Na$_3$PO$_4$ の量〔mg/L〕

$$\text{Na}_3\text{PO}_4 \text{ の量} = \text{Ca 濃度} \times \frac{3 \times \text{〔Na}_3\text{PO}_4\text{〕}}{5 \times \text{〔Ca〕}}$$

$$= 22 \times \frac{3 \times 164}{5 \times 40}$$

$$= 54.12 \text{〔mg/L〕}$$

答　54.1 mg/L

　　　Mg 硬度に対する NaOH の量〔mg/L〕

$$\text{NaOH の量} = \text{Mg 濃度} \times \frac{2 \times \text{〔NaOH〕}}{\text{〔Mg〕}}$$

$$= 4.8 \times \frac{2 \times 40}{24}$$

$$= 16.00 \text{〔mg/L〕}$$

答　16.0 mg/L

（3）　Na$_3$PO$_4$ の損失量〔mg/L〕

$$\text{（損失量）} = \text{（ブロー率）} \times \text{（ボイラー水の PO}_4\text{ 濃度）} \times \frac{\text{〔Na}_3\text{PO}_4\text{〕}}{\text{〔PO}_4\text{〕}}$$

$$= \frac{20}{100} \times 30 \times \frac{164}{95}$$

$$= 10.357 \text{〔mg/L〕}$$

答　10.4 mg/L

NaOH の損失量〔mg/L〕

(損失量) = (ブロー率)×(ボイラー水の NaOH 濃度)

$$= \frac{20}{100}×140$$

$$= 28.00 〔mg/L〕$$

答　28.0 mg/L

(問題) 2

下表は，蒸気噴霧式バーナによる重油だきボイラーにおける不完全燃焼の原因の3つのケースと，それぞれのケースにおいて「何が（設備，機器や運転条件など）」，「どうなっているか（状態など）」を示したものである．表中の①～⑬の空欄に当てはまる適切な語句，文などを答えよ．

不完全燃焼の原因のケース	何が（設備，機器や運転条件など）	どうなっているか（状態など）
（1） 油の噴霧粒子が大	①	損傷（摩耗，汚れ，付着，傷など）
	噴霧蒸気の圧力	②
	重油の圧力	③
	重油の加熱温度	④
	重油中の不純物	重油中にスラッジ，水分などが含まれている．
（2） 燃焼用空気量の不足	ファン	不具合，性能低下
	ダンパ（ベーン）	⑤
	風道	⑥
	⑦	狭隘(きょうあい)化
	空気予熱器	⑧
	燃焼制御装置	⑨
（3） 油の噴霧粒子と燃焼用空気の混合不良	バーナの取付位置	バーナの取付位置が不良，燃焼用空気出口との位置関係が不適正
	重油の噴霧角度又は燃焼用空気出口	⑩
	スタビライザ（保炎器）	⑪
	⑫	旋回力不適正，開度の不良
	ウインドボックス（風箱）	⑬

（解　答）

① バーナチップ（の噴霧穴）　　② 低下　　③ 低下

④ 加熱温度が不足（低い）して粘度が上昇

⑤ 開度の不具合（作動不良，開度の不足など）

⑥ 欠陥（穴あき，変形等）による燃焼空気の漏洩

⑦ ガス通路（煙道）　　⑧ ガス側への空気リーク増加

⑨ 空燃比の調整不良，又は，負荷変動時の重油量と空気量の増減順序の逆動作

⑩ 偏心　　⑪ 変形，脱落又は取付け位置の不良などの不具合

⑫ エアレジスタ　　⑬ 変形による空気（供給）量のアンバランス

（問題）3

ボイラーの事故，損傷及びその防止対策に関する次の文中の　　　　内に入る適切な語句
又は数値を答えよ．

（1）　ボイラー用炭素鋼鋼材は，一般に温度が上昇すると強度が低下する．通常　①
　　　℃付近から強度は低下し始め，450℃が使用限界とされている．使用温度が限界に達
　　　し，強度が著しく減少した状態を過熱という．過熱の防止対策としては，次のことな
　　　どがある．

・ドラム水位を　②　させない．

・適切な水管理を行い，伝熱面の内部に　③　をさせない．

・燃焼装置の機能を維持し，　④　を局部的に集中させない．

・炉内及びガス通路を監視し，　⑤　を早期に発見する．

（2）　内圧を受けている部分の材料が圧力に耐えられなくなり，裂けて開口部から蒸気や
　　　ボイラー水が噴出することを　⑥　という．この原因には，割れの発生，　⑦
　　　による減肉，　⑧　による材料の強度低下などがある．

　　　　⑥　の防止対策としては，次のことなどがある．

・板厚及び　⑨　の測定を行い，肉厚減少を早期に発見する．

・管の表面に　⑩　がないかを目視によって調べる．

（3）　ボイラーの低水位事故の防止対策としては，次のことなどがある．

・ボイラーには自動的に給水量を調節できる　⑪　を設ける．

・低水位になったときには自動的に作動する　⑫　や　⑬　を設ける．また，
　これらに用いる　⑭　には方式の異なるものを 2 個以上設ける．

・　⑬　が作動し，運転が停止したときは，その原因を除いたうえで　⑮　の
　のち再起動する．

（解　答）

（1）　①　350　　②　異常低下　　③　スケール付着　　④　火炎
　　　　⑤　燃焼ガスの偏流
（2）　⑥　破裂　　⑦　腐食　　⑧　材質の劣化　　⑨　管径　　⑩　変色
（3）　⑪　水位制御装置　　⑫　警報装置　　⑬燃料（焼）遮断装置　　⑭　水位検出器
　　　　⑮　手動復帰

（問題）4

過熱器，エコノマイザ，空気予熱器に関する次のAからEまで記述のうち，誤っているもののみの組合せは（1）〜（5）のうちどれか．

A　対流形過熱器では，一定の負荷で空気過剰率を徐々に増加すると，過熱蒸気温度は低下する．

B　昇圧中の過熱器の焼損を防止するため，管内のドレンが抜き出せる構造でも，ドレンが抜き出せない構造でも，ドレン弁を開けて発生した蒸気を十分時間をかけて外部に逃す．

C　エコノマイザや空気予熱器の低温腐食を抑制するため，燃焼空気の過剰率を増して，SO_3濃度を下げる．

D　空気予熱器の低温腐食防止には，空気予熱器の空気入口側に蒸気式空気予熱器を設けたり，空気の一部をバイパスして，空気入口側の伝熱面温度を高める方法がある．

E　バーナが複数段あり，低負荷で蒸気温度が低い場合，過熱器の焼損を留意して上段のバーナの燃焼量を増すと，過熱蒸気温度を上げることができる．

（1）　A，C　　（2）　A，E　　（3）　B，C　　（4）　B，D　　（5）　D，E

（解　答）

答　1

（注）1　Aについて
空気過剰率が増加すると排ガス量が多くなり，対流形過熱器では蒸気温度が上昇する．
（注）2　Cについて
空気過剰率を増すと，S分の酸化が進みSO_3濃度は上がる．
SO_3濃度を下げるためには，低酸素燃焼を行わねばならない．

（問題）5

ボイラーの水管理に関する次のAからEまでの記述のうち，誤っているもののみの組合せは（1）～（5）のうちどれか.

A　炭酸水素イオン（HCO_3^-）などの炭酸塩としてのカルシウムイオン（Ca^{2+}），マグネシウムイオン（Mg^{2+}）は水を沸騰すると沈殿物を生成する.

B　給水加熱器の銅合金は，アンモニア共存下で腐食しない.

C　水酸化ナトリウム（NaOH）は，シリカ（SiO_2）を水溶性のメタけい酸ナトリウム（Na_2SiO_3）にする.

D　高圧ボイラーで，水中のNa^+/PO_4^{3-}のモル比を2.8にするには，りん酸三ナトリウム（Na_3PO_4）を60%，りん酸水素二ナトリウム（Na_2HPO_4）を40%注入すればよい.

E　純粋な水では，温度が上昇すると，pHが低くなり，電気伝導率は高くなる.

（1）A，C　　（2）A，E　　（3）B，C　　（4）B，D　　（5）D，E

（解　答）

答　4

（注）1　Bについて

銅合金はアンモニアで腐食する.

たとえば，ボイラー内のスケールを落とすときに化学洗浄を行う場合，銅又は銅化合物が相当量存在するときは，酸洗浄では除去できないのでアンモニアを主体とした薬品を使用する.

（注）2　Dについて

Na_3PO_4中のNaとPO$_4$のモル比は，3：1

Na_2HPO_4中のNaとPO$_4$のモル比は，2：1

であるから，モル比を2.8とするためのNa_3PO_4の割合をxとすると，

$$2.8 = x \times \frac{3}{1} + (1-x) \times \frac{2}{1}$$

$$= 3x + 2 - 2x$$

$$= x + 2$$

$$x = 2.8 - 2$$

$$= 0.8$$

NaとPO$_4$のモル比を2.8とするためには，Na_3PO_4の割合を80%としなければならない.

（問題）6

ボイラーの運転中の異常の原因に関する次のAからEまでの記述のうち，誤っているものものみを二つ選べ．

　A　異常な臭気の原因の一つには，低水位により本体，保温材などが焼けていることがある．

　B　燃焼中に火炎が赤いのは，空気過剰であるので，燃焼用空気を少なくする．

　C　空気予熱器の異常な高温は，すすなどの二次燃焼が原因のこともある．

　D　局部的な蒸気の立ち上がり又は煙突から出る異常な白煙は，ボイラーからの漏れによる場合が多い．

　E　少量の蒸気の漏れがあっても，煙突から出る煙の色によって，容易に確認することができる．

（解　答）

答　B，E　（順不同）

（注）1　Bについて

　火炎が赤いのは，空気不足のためである．

（注）2　Eについて

　少量の蒸気の漏れは，煙突から出る煙の色では確認できない．

　水蒸気は，本来無色透明であり噴出した蒸気が白く見えるのは，蒸気が冷やされてこまかい水滴となるためである．

　煙突から出る水蒸気が少量であれば水滴とならず，そのまま空気中に拡散してしまうため、目で見ることはできない．

3. 燃料及び燃焼に関する知識

（問題）1

A重油を燃料とする 50 t/h ボイラー（燃料消費量 F_c＝3500 kg/h）の燃焼に関し，次の問に答えよ.

ただし，A重油の元素分析値は，質量比で炭素 $c = 0.875$，水素 $h = 0.120$，硫黄 $s = 0.005$ である.

また，燃焼用空気は体積比で O_2 が21%，N_2 が79%で，燃料は完全燃焼するものとし，気体の体積は標準状態（0℃，101.325 kPa）に換算した値とする.

（1）　このA重油の各元素成分ごとにその燃焼反応式を示せ.

（2）　この燃料を空気比 $m = 1.1$ で燃焼させる場合，次の①〜⑤の値を求めよ.

　　　答は，本問で使用している記号を用いた計算式及び計算の過程を示し，結果は①〜④は小数点以下第 3 位を四捨五入し，⑤については，小数点以下第 1 位を四捨五入せよ.

　　①　理論空気量 A_o〔m^3/kg（燃料）〕

　　②　理論乾き燃焼ガス量 V_{do}〔m^3/kg（燃料）〕

　　③　実際の乾き燃焼ガス量 V_d〔m^3/kg（燃料）〕

　　④　実際の湿り燃焼ガス量 V_w〔m^3/kg（燃料）〕

　　⑤　50 t/h ボイラーから 1 時間に発生する CO_2 量〔m^3/h〕

（解　答）

（1）　燃焼反応式

　　　$C + O_2 \rightarrow CO_2$

　　　$2H（又はH_2）+ \dfrac{1}{2}O_2 \rightarrow H_2O$

　　　$S + O_2 \rightarrow SO_2$

（2）

① 理論空気量 A_o 〔m³/kg（燃料）〕

$$A_0 = \frac{100}{21}\left(\frac{22.4}{12}c + \frac{22.4}{4}h + \frac{22.4}{32}s\right)$$

$$= \frac{100}{21}\left(\frac{22.4}{12}\times 0.875 + \frac{22.4}{4}\times 0.120 + \frac{22.4}{32}\times 0.005\right)$$

$$= \frac{100}{21}(1.6333 + 0.672 + 0.0035)$$

$$= 10.994 \;\text{〔m³/kg（燃料）〕} \qquad\qquad 答\quad 10.99\,\text{m³/kg（燃料）}$$

② 理論乾き燃焼ガス量 V_{do} 〔m³/kg（燃料）〕

$$V_{do} = \frac{79}{100}A_o + \frac{22.4}{12}c + \frac{22.4}{32}s$$

$$= \frac{79}{100}\times 10.994 + \frac{22.4}{12}\times 0.875 + \frac{22.4}{32}\times 0.005$$

$$= 8.6853 + 1.6333 + 0.0035$$

$$= 10.322 \;\text{〔m³/kg（燃料）〕} \qquad\qquad 答\quad 10.32\,\text{m³/kg（燃料）}$$

③ 実際の乾き燃焼ガス量 V_d 〔m³/kg（燃料）〕

$$V_{do} = V_{do} + (m-1)A_o$$

$$= 10.322 + (1.1-1)\times 10.994$$

$$= 11.421 \;\text{〔m³/kg（燃料）〕} \qquad\qquad 答\quad 11.42\,\text{m³/kg（燃料）}$$

④ 実際の湿り燃焼ガス量 V_w 〔m³/kg（燃料）〕

$$V_w = V_{do} + \frac{22.4}{2}h$$

$$= 11.421 + \frac{22.4}{2}\times 0.120$$

$$= 12.765 \;\text{〔m³/kg（燃料）〕} \qquad\qquad 答\quad 12.77\,\text{m³/kg（燃料）}$$

⑤ 50 t/h ボイラーから1時間に発生する CO_2 量 〔m³/h〕

$$CO_2\,量 = \frac{22.4}{12}c\cdot F_c$$

$$= \frac{22.4}{12}\times 0.875\times 3500$$

$$= 5716.67 \;\text{〔m³/h〕} \qquad\qquad 答\quad 5717\,\text{m³/h}$$

（注）

　燃料及び燃焼に関する知識における計算問題は，すべて燃焼計算であり，燃焼計算の基礎になるのは，

　　$C + O_2 = CO_2$

　　$H_2 + \dfrac{1}{2} O_2 = H_2O$　　又は　$2H_2 + O_2 = 2H_2O$

　　$S + O_2 = SO_2$

という燃焼反応式と１kmol（分子量にkgを付けた量）の気体の体積は，気体の種類に関係なく標準状態（０℃，標準大気圧）において 22.4 m³ になるということである.

（問題）2

　次の図は，燃料油供給装置の構成を示す図である．系統中の①〜⑤の機器の名称と機能を説明せよ.

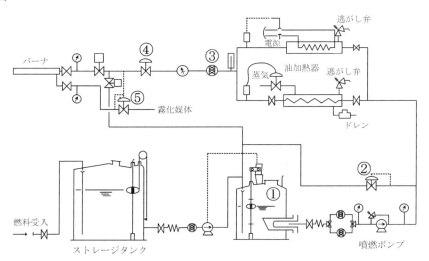

（解　答）

番号	機器の名称	機能の説明
①	サービスタンク	燃焼設備に供給する燃料油を定格油量の２時間分程度をためておくほか，噴燃ポンプに必要な油粘度に保つよう燃料油を加熱する.
②	圧力調節弁	バーナに供給する燃料油量が負荷に応じて変動するため，戻り油量を調節して，燃料調節弁入口圧力を一定に保つ.
③	吐出側ストレーナ	流量計，調節弁，遮断弁，およびアトマイザの目詰まりを防止する.
④	油量調節弁	バーナに供給する燃料油量を負荷に応じて調節する.
⑤	差圧調節弁	霧化媒体の圧力を調整し，燃料油と霧化媒体の圧力差を適正に保つ.

（問題）3

油焚き（だ）ボイラーのバーナに関する次の記述について，文中の□□□内に入る適切な語句を答えよ.

（1） アトマイザは燃料油を霧状に □①□ して，バーナ中心から炉内に向けて □②□ 状に噴射する装置である.

（2） スタビライザ（保炎器）は燃料噴流と空気の初期混合部で空気に □③□ を与えて燃料噴流との接触を早めて □④□ を確実にし，□⑤□ の安定を図るものである.

（3） バーナタイルは燃料と空気を炉内に噴射する炉壁に設けた開口部を構成する耐火物であり，これにより □⑤□ の □⑥□ が保たれ，またその □⑦□ によって □④□ を確実にし，□⑤□ の安定化が図られる.

（4） 高圧気流噴霧式油バーナは，大きな噴射エネルギーを持つ高圧の □⑧□ または □⑨□ などを □⑩□ として燃料油を □①□ するもので，霧化特性が良いことから，油種も灯油からタールまで広い範囲で利用できる. □⑪□ も1から1/5〜1/10と大きく，燃料噴流の運動量が大きいため，周囲の空気流を取り込む □⑫□ 作用によって優れた燃焼性を発揮する.

（5） 高圧気流噴霧式には，その霧化の方法によって，□⑬□，□⑭□，□⑮□ 等がある. □⑬□ は，アトマイザの出口で燃料噴流に高速の □⑩□ を衝突させて □①□ するものである. □⑮□ は，アトマイザ内の混合室内で燃料油と □⑩□ を乳化状に混合して先端の噴射孔から噴射するものである. その霧化原理は，混合室内の乳化燃料が噴射孔より噴射する際に気泡核を油滴が覆った形となり，噴射直後に気泡核が急膨張して油膜を破裂し，微細な粒子に分裂するものと見られている. □⑬□ と □⑮□ の間に □⑭□ があるがこれはノズルの形状がY字状であることからYジェット形とも呼ばれている.

（解　答）

（1） ① 微粒化　　②円すい

（2） ③ 旋回流（渦流）　　④ 着火　　⑤ 火炎

（3） ⑥ 直進性　　⑦ 放射熱

（4） ⑧ 空気　　⑨ 蒸気（⑧と⑨は入れ替わり可）　　⑩霧化媒体
　　　⑪ 油量調節範囲　　⑫ 吸引

（5） ⑬ 外部混合形　　⑭ 中間混合形　　⑮ 内部混合形

（問題）4

気体燃料の燃焼装置に関する次のAからEまでの記述のうち，誤っているもののみの組合せは（1）～（5）のうちどれか.

A　高圧誘導形の完全予混合型ガスバーナは，ボイラーでは点火バーナとして広く用いられていて，火炎を保護するようにリテンションリングがあり，火炎の安定範囲が広い.

B　拡散形ガスバーナの一種であるセンタファイア形ガスバーナは，燃料管の端部に複数のガス噴射孔のあるもので重油などの液体燃料と混焼が可能なため，小形から中形のボイラーに多く用いられる.

C　拡散形ガスバーナの一種である，スパッド（マルチランス）形ガスバーナは，ガス噴射圧により空気との混合を良くし，比較的容量の大きなボイラーに用いられている.

D　バーナのエアレジスタには，角度可変の案内羽根を用いた軸流式と，軸方向に直進する空気流に対し先端に設けたスワラによって旋回が与えられる半径流式と，バーナタイルに空気ノズルを数個設け空気流を噴出するバッフル式がある.

E　都市ガスをボイラーで燃焼する場合，ガスの供給は中圧ストレート供給となるが，保安上，緊急ガス遮断装置，ガバナ室・メータ室等の換気設備，ガス漏れ警報装置，電気設備の防爆化等の保安措置を施すことが望ましい.

（1）A，C　　（2）A，E　　（3）B，C　　（4）B，D　　（5）D，E

（解　答）

答　4

（注）1　Bについて

液体燃料などとの混焼が可能なのは，中心に油アトマイザを設けることのできる，リング形，アニュラ形，スパッド形などである.

（注）2　Dについて

角度可変の案内羽根を用いたものが半径流式，軸方向に直進する空気流に対し先端に設けたスワラによって旋回が与えられるものが軸流式である.

（問題）5

ボイラーの燃焼室等に関する次のAからEまでの記述のうち，誤っているもののみの組合せは（1）～（5）のうちどれか.

A　固体燃料の微粉炭燃焼，液体燃料の噴霧燃焼は，燃焼室に供給する空気流の中に燃料を吹き込み，拡散燃焼するものである.

B　石炭燃焼ボイラーでは，過熱器管などへの燃焼灰付着を防ぐため，燃焼室出口ガス温度を燃焼灰の溶融温度以下にする必要がある．

C　同じ燃料で容量の異なる基本構造が同じ2基のボイラーを比較すると，放射伝熱面負荷はボイラー容量にほぼ比例するが，燃焼室熱負荷はボイラー容量の2/3乗に比例する．

D　燃焼室の燃焼能力を示す燃焼室熱負荷は，燃料の発生熱量を燃焼室容積で割ったものである．

E　燃焼室の寸法決定には，燃焼が完結することと，燃焼室出口ガス温度を適切に選ぶことが重要であり，このガス温度は主として燃焼室熱負荷によって決まる．

（1）　A，C　　（2）　A，E　　（3）　B，C　　（4）　B，D　　（5）　D，E

（解　答）

答　5

（注）1　Dについて

燃焼室熱負荷は，燃料の発生熱量と燃焼用空気の持込熱量との合計熱量を，燃焼室容積で割ったものである．

（注）2　Eについて

燃焼室出口ガス温度は，主として放射伝熱面の単位面積当たりの熱負荷によって決まる．

（問題）6

環境保全に関する次のAからEまでの記述のうち，誤っているもののみを二つ選べ．

A　地球温暖化防止の観点から，CO_2の排出を減らすため，CO_2を発生しないバイオマス燃料の利用が推奨されている．

B　NO_xは燃料中のN分に起因するフューエルNO_xと，空気中のN_2に起因するサーマルNO_xがあり，フューエルNO_xは燃料中のN化合物が多いほど大きくなり，また，両者とも①燃焼温度が高い，②高温域の滞留時間が長い，③燃焼域でのO_2濃度が高い等の条件で発生量が大きくなる．

C　すすは微細な炭素粒子で，硫黄酸化物の多い排ガス中で酸露点以下の温度になると生成した硫酸ガスが凝縮して，互いに集合結集し，直径数mmのアシッドスマットとなる．

D　ごみの焼却炉では，塩化ビニルなどの石油化学製品を含むごみを燃焼するとダイオキシンが発生するが，600℃以上の高温で一定の滞留時間を持たせて燃焼させることで熱分解する．

E　流動層燃焼方式は，炉内脱硫が可能であることが大きな特徴であり，層内に燃料と生石灰を供給することで脱硫が行われる．

（**解　答**）

答　A，D　（順不同）

（注）１　Aについて

バイオマス燃料は，CO_2を発生しないのではなく，その成長過程において光合成によってCO_2を吸収するから，発生したCO_2と相殺され，CO_2が増減しないとされている．このようなCO_2の増減に影響を与えないことをカーボンニュートラルという．

（注）２　Dについて

ダイオキシンが熱分解するのは，800℃以上である．

4. 関 係 法 令

（問題）1

最高使用圧力 $P = 0.9\,\text{MPa}$ のボイラーで，下図のように，平板（平鏡板）が規則的に配置された棒ステーによって支えられている場合について，以下の問に答えよ．

ただし，この場合の棒ステーは，直径 $25\,\text{mm}$ で全長にわたり均一の径とし，これら棒ステーは平板に長方形に配置され，その相隣り合うステー中心間の距離は，水平方向が $180\,\text{mm}$，垂直方向が $140\,\text{mm}$ とする．

なお，円周率は3.14とする．

また，値（χ）とその平方根については次表を使用してもよい．

χ	0.9	2.2	3	66
$\sqrt{\chi}$	0.9487	1.483	1.732	8.124

答は，本問で使用している記号及び値を用いた計算式並びに計算の過程を示し，答えの端数処理は各問の指示に従うこと．

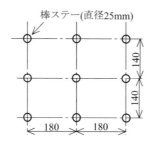

（1） 1本の棒ステーが支える荷重 $W\,\text{〔N〕}$ を求めよ（答は小数点以下第1位を切り上げ）．

（2） 棒ステーの許容引張応力 σ_a を $66\,\text{N/mm}^2$ とした場合，この棒ステーに最高使用圧力が負荷したときにかかる引張応力 $\sigma_P\,\text{〔N/mm}^2\text{〕}$（答は小数点以下第2位を切り上げ）を求め，当該棒ステーが使用可能か否か判定せよ．

（3） 平板の最小厚さ $t\,\text{〔mm〕}$（答は小数点以下第2位を切り上げ）を求め，平板の厚さを $12\,\text{mm}$ にした場合，当該平板が使用可能か否か判定せよ．

なお，規則的に配置されたステーによって支えられた平板の最小厚さ $t\,\text{〔mm〕}$ は，次の式で与えられるものとする．

$$t = p_m \sqrt{\frac{P}{C\sigma_a}} + \alpha$$

p_m：ステーの水平及び垂直方向の中心線間の距離の平均値〔mm〕

C：定数で2.2とする.

α：付け代で0 mmとする.

（解　答）

（1）　棒ステーが支える荷重（W）は,

$W =$（最高使用圧力）×{（ステーが支える面積）−（ステーの断面積）}

（ステーが支える面積）$= 180 \times 120$〔mm^2〕

（ステーの断面積）$= \dfrac{（円周率）\times（直径）^2}{4}$

であるから,

$$W = 0.9 \times 10^6 \times 10^{-6} \times \left(180 \times 140 - \frac{3.14 \times 25^2}{4}\right)$$

$$= 0.9 \times (25200 - 490.6)$$

$$= 22238.46 〔N〕$$

答　22239 N

（2）　ステーにかかる応力は

$$（応力）= \frac{（荷重）}{（断面積）}$$

であるから,

$$\sigma_P = \frac{W}{A_s}$$

$$= \frac{22239}{490.6}$$

$$= 45.33 〔N/mm^2〕$$

ステーにかかる応力 σ_P は 45.4 N/mm² となり，棒ステーの許容引張応力 $\sigma_a = 66$ N/mm² より小さいので，この棒ステーは使用可能.

（3）

$$p_m = \frac{180 + 120}{2}$$

$$= 160 〔mm〕$$

であるから,

$$t = p_m \sqrt{\frac{P}{C\sigma_a}}$$

$$= 160 \times \sqrt{\frac{0.9}{2.2 \times 66}}$$

$$= 160 \times \frac{0.9487}{1.483 \times 8.124}$$

$$= 12.6 \, 〔\text{mm}〕$$

平板の厚さ12 mmは,最小厚さ12.6 mmより薄いので,この平板は使用できない.

(注) 1　強度計算

　ボイラー各部の強度計算は,通達によって,

　　「JIS B8201の規定によるものがあること」

とされている.

　つまり強度計算はJIS B8201(陸用鋼製ボイラーの構造)に依れということである.

(注) 2　(1)について

　「ステーが支える荷重は,ステーが受けもつ面積からステーの占める面積を除き,これに最高使用圧力を乗じる」

　〔JIS B8201-6.6.1(ステー又は管ステーが支える荷重)〕

(注) 3　(2)について

　棒ステーの強さを計算するときの許容引張応力も決められており,66 N/mm²は,支点間の距離が径の120倍以下で,棒ステーの径が38 mm以下の場合の値である.

　〔JIS B8201-6.6.7(ステーボルト及び棒ステーの強さ)〕

(注) 4　(3)について

　問題文にある公式の記号は次のようになっている.

　　t:平板の最小厚さ(mm)

　　P:最高使用圧力(MPa)

　　σ_a:材料の許容引張応力(N/mm²)

　〔JIS B8201-6.6.3(ステーによって支えられる平板の最小厚さ)〕

(注) 5　単位について

　(1)において,圧力の単位にはm²,面積の単位にはmm²が使われているから注意が必要である.1 Pa(パスカル)は,1 N/m²(ニュートン毎平方メートル)である.

（問題）2

鋼製ボイラーの自動制御装置のひとつに燃焼安全装置があるが，これを鋼製ボイラーに設けなければならないとき，法令で定められている燃焼安全装置に必要とされる機能を 4 つ挙げよ．

（解　答）

（1）　作動用動力源が断たれた場合に直ちに燃料の供給を遮断するものであること．

（2）　遮断用動力源が断たれている場合及び復帰した場合に自動的に遮断が解除されるものでないこと．

（3）　自動的に点火することができる鋼製ボイラーに用いる燃焼安全装置は，故障その他の原因で点火することができない場合又は点火しても火炎を検出することができない場合には，燃料の供給を自動的に遮断するものであって，手動による操作をしない限り再起動できないものであること．

（4）　燃焼安全装置に，燃焼に先立ち火炎検出機構の故障その他の原因による火炎の誤検出がある場合には，当該燃焼安全装置は燃焼を開始させない機能を有するものでなければならない．

（注）

〔構造規格　第85条（燃焼安全装置）〕

（問題）3

事業者が行わなければならないボイラー室の管理及び付属品の管理等に関する次の記述について，文中の 　　　 内に入る適切な語句を答えよ．

（1）　ボイラー室その他のボイラー設置場所には， ① 以外の者がみだりに立ち入ることを ② し，かつ，その旨を見やすい箇所に ③ すること．

（2）　ボイラー室には，必要がある場合のほか， ④ を持ち込ませないこと．

（3）　ボイラー検査証並びにボイラー取扱作業主任者の ⑤ 及び ⑥ をボイラー室その他のボイラー設置場所の見やすい箇所に ③ すること．

（4）　移動式ボイラーにあっては，ボイラー検査証又はその写しを ⑦ に所持させること．

（5）　燃焼室，煙道等のれんがに ⑧ が生じ，又はボイラーとれんが積みとの間に ⑨ が生じたときは，すみやかに ⑩ すること．

（6）　ボイラー室には，水面計の ⑪ ， ⑫ その他の必要な予備品及び ⑬

を備えておくこと.

（7）　圧力計又は水高計は，使用中その機能を害するような　⑭　を受けることがない
ようにし，かつ，その内部が　⑮　し，又は80度以上の温度にならない措置を講ず
ること.

（解　答）

（1）　①　関係者　　②　禁止　　③　掲示
（2）　④　引火しやすいもの
（3）　⑤　資格　　⑥　氏名　　（⑤と⑥は入れ替わり可）
（4）　⑦　ボイラー取扱作業主任者
（5）　⑧　割れ　　⑨　すき間　　⑩　補修
（6）　⑪　ガラス管　　⑫　ガスケット　　⑬　修繕用工具類
（7）　⑭　振動　　⑮　凍結

（注）1　（1）〜（6）について
〔安全規則　第29条（ボイラー室の管理等）〕
（注）2　（7）について
〔安全規則　第28条（附属品の管理）〕

（問題）4

ボイラーの安全弁又は逃がし弁に関する次のAからEまでの記述のうち，法令上，規定さ
れていないもののみの組合せは（1）〜（5）のうちどれか.

A　事業者は，ボイラー取扱作業主任者に，安全弁の機能の保持に努めさせなければなら
ない.

B　事業者は，ボイラーの安全弁を最高使用圧力以下で作動するように調整しなければな
らない.

C　鋼製の蒸気ボイラーには，伝熱面積50平方メートル以下のものを除いて，内部の圧力
を最高使用圧力以下に保持することができる安全弁を2個以上備えなければならない.

D　水の温度が120℃を超える温水ボイラーには，内部の圧力が最高使用圧力に達すると
直ちに作動し，かつ，内部の圧力を最高使用圧力以下に保持することができる逃がし弁
を備えなければならない.

E　事業者は，過熱器用安全弁を，胴の安全弁より後に作動するように調整しなければな
らない.

（1） A，C 　（2） A，E 　（3） B，C 　（4） B，D 　（5） D，E

（解　答）

答　5

（注）　1　Aについて

　　〔安全規則　第25条（ボイラー取扱作業主任者の職務）〕

（注）　2　Bについて

　　〔安全規則　第28条（附属品の管理）〕

（注）　3　Cについて

　　〔構造規格　第62条（安全弁）〕

　　〔JIS B8201-10.1.1（安全弁）〕

（注）　4　Dについて

　水の温度が120℃を超える温水ボイラーに備えなければならないのは，逃がし弁ではなく安全弁である．

　　〔構造規格　第65条（温水ボイラーの逃がし弁又は安全弁）〕

　「温度120℃を超える温水ボイラーには，安全弁を設けなければならない」

　　〔JIS B8201-10.1.2（温水ボイラーの逃がし弁又は安全弁）〕

（注）　5　Eについて

　「過熱器用安全は，胴の安全弁より先に作動するように調整すること」

　　〔安全規則　第28条（附属品の管理）〕

　「過熱器の安全弁の吹出し圧力は，蒸発部の安全弁より低く調整しなければならない」

　　〔JIS B8201-10.1.1（安全弁）〕

　胴の安全弁が先に作動すると過熱器への蒸気の流入量が減り，過熱器が焼損するおそれがある．

（問題）5

　次のAからEまでの記述のうち，法令上，規定されていないもののみの組合せは（1）～（5）のうちどれか．

　A　事業者は，小型ボイラーの破裂の事故が発生したときは，遅滞なく，所定の様式による報告書を所轄労働基準監督署長に提出しなければならない．

　B　所轄都道府県労働局長は，使用再開検査のために必要があるときは，ボイラーの被覆物の全部を取り除くことができる．

　C　溶接検査を受ける者は，機械的試験の試験結果を作成しておかなければならない．

D　登録製造時等検査機関は，溶接検査に合格したボイラーに，所定の様式による刻印を押し，そのボイラー溶接明細書を申請者に交付する.

E　事業者は，ボイラーの使用を廃止したときは，遅滞なく，ボイラー検査証を所轄労働基準監督署長に返還しなければならない.

（1）　A，C　　（2）　A，E　　（3）　B，C　　（4）　B，D　　（5）　D，E

（解　答）

答　3

（注）　1　Aについて

　〔労働安全衛生規則　第96条（事故報告）〕

（注）　2　Bについて

使用再開検査を行うのは，都道府県労働局長ではなく所轄労働基準監督署長である.

　〔安全規則　第46条（使用再開検査）〕

（注）　3　Cについて

溶接検査を受ける者が行わなければならないことは，機械的試験の試験結果を作成しておくことではなく，次のことである.

1　機械的試験の試験片を作成すること

2　放射線検査の準備をすること

　〔安全規則　第8条（溶接検査を受けるときの措置）〕

（注）　4　Dについて

　〔安全規則　第7条（溶接検査）〕

（注）　5　Eについて

　〔安全規則　第48条（ボイラー検査証の返還）〕

（問題）6

鋼製ボイラーの自動給水調整装置，給水装置等に関する次のAからEまでの記述のうち，法令上，規定されていないもののみを二つ選べ.

A　自動給水調整装置は，蒸気ボイラーごとに，設けなければならない. ただし，近接した2以上の蒸気ボイラーを結合して使用する場合には，共通のものとして設けることができる.

B　貫流ボイラーを除く蒸気ボイラーであって，燃料の性質又は燃焼装置の構造により，緊急遮断が不可能なものは，低水位燃料遮断装置に代えて低水位警報装置を設けること

ができる.
C 燃料の供給を遮断してもなお当該ボイラーへの熱供給が続く蒸気ボイラーであって,給水装置を2個備えたものについては,それぞれ別の動力により運転できるものでなければならない.
D 給水装置の給水管には,蒸気ボイラーの近接した位置に,給水弁及び逆止め弁を取り付けなければならない.ただし,貫流ボイラー及び最高使用圧力0.1 MPa未満の蒸気ボイラーにあっては,給水弁のみとすることができる.
E 給水内管は,スケールその他の沈殿物がたまらない構造とし,かつ,安全上必要な強度を有するものでなければならない.

(解 答)

答 A, E (順不同)

(注) 1 Aについて
「自動給水装置は,蒸気ボイラーごとに設けなければならない」とされており,問題文のただし書きのような記述はない.
　〔構造規格 第84条(自動給水調整装置等)〕
このような場合,共通のものとして設けることができるのは給水装置である.
　〔構造規格 第73条(給水装置)〕
なおJISでは
「二つ以上のボイラーに共通の自動給水調節器を設けてはならない」
　〔JIS B8201-10.7.1(自動給水調節器)〕
となっている.
(注) 2 Bについて
　〔構造規格 第84条(自動給水調整装置等)〕
(注) 3 Cについて
　〔構造規格 第73条(給水装置)〕
(注) 4 Dについて
　〔構造規格 第75条(給水弁と逆止め弁)〕
(注) 5 Eについて
「給水内管は,取外しができる構造のものでなければならない」
　〔構造規格 第76条(給水内管)〕

「給水内管を使用するときは，これを取外しできる構造としなければならない」

〔JIS B8201-10.4.6（給水箇所）〕

給水内管には圧力がかからないことから，強度についての規定はないが，取外しができないとボイラー内部の検査に支障をきたすのみならず，給水管内部の掃除，点検もできない.

令和4年度特級ボイラー技士試験問題と模範解答

燃 焼 社

令和4年度特級ボイラー技士試験問題と模範解答

1. ボイラーの構造に関する知識

（問題）1

ボイラー出口蒸気圧力 2.5 MPa で過熱器がないガス焚^だきボイラーがあり，その運転状態は下表のとおりである．このボイラーについて，次の（1），（2）の問いに答えよ．

ただし，ボイラーへの入熱は，燃料の発熱によるもののみとし，熱損失は，排ガスの熱損失，放散熱損失及びその他の熱損失とする．また，気体の体積は標準状態（0℃, 101.325 kPa）に換算した値とする．

答はそれぞれ本問で使用されている記号を用いた計算式及び計算の過程を示し，結果は小数点以下第三位を四捨五入せよ．

項　　　　　目	記号	値
蒸発量	W	30000 kg/h
飽和蒸気の比エンタルピー	h_s	2802.45 kJ/kg
蒸気の乾き度	X	98.0%
飽和水の比エンタルピー	h_w	971.74 kJ/kg
給水の比エンタルピー	h_o	86.36 kJ/kg
ガス燃料消費量	F	2140m³/h
ガス燃料の低発熱量	H_l	40.60 MJ/m³（燃料）
排ガス量	G_g	14.07 m³/m³（燃料）
排ガスの平均比熱	C_g	1.38 kJ/(m³・K)
排ガス温度	t_g	160℃
基準大気温度	t_a	15℃
放散熱損失（低発熱量基準）	L_r	0.70%
その他の熱損失（低発熱量基準）	L_u	0.30%

（1）　入出熱法によるボイラー効率 η_1〔%〕を求めよ．

（2）　熱損失法によるボイラー効率 η_2〔%〕を求めよ．

（解　答）

（1）

$$\eta_1 = \frac{W \times \{X \times 10^{-2} \times h_s + (1 - X \times 10^{-2}) \times h_w - h_o\}}{F \times H_l \times 10^3} \times 100$$

$$= \frac{30000 \times \{0.98 \times 2802.45 + (1 - 0.98) \times 971.74 - 86.36\}}{2140 \times 40.60 \times 10^3} \times 100$$

$$= 92.519 (\%)$$

答　92.52%

（2）

$$\eta_2 = \left\{1 - \left\{\frac{G_g \times C_g \times (t_g - t_a)}{H_l \times 10^3} + L_r \times 10^{-2} + L_u \times 10^{-2}\right\}\right\} \times 100$$

$$= \left\{1 - \left\{\frac{14.07 \times 1.38 \times (160 - 15)}{40.60 \times 10^3} + 0.007 + 0.003\right\}\right\} \times 100$$

$$= 92.066 (\%)$$

答　92.07%

（注）1

$$(入出熱法) = \frac{(発生した蒸気が吸した熱量)}{(燃料の発熱量)}$$

である.

（注）2

$$(熱損失法) = \frac{(燃料の発熱量) - (損失熱量)}{(燃料の発熱量)}$$

$$(損失熱量) = (排ガスによる損失) + (放散熱損失) + (その他の熱損失)$$

であり放散熱損失とその他の熱損失が%で表示されているから%で計算すると

$$\eta_2 = 100 - \left\{\frac{G_g \times C_g \times (t_g - t_a) \times 10^2}{H_l \times 10^3} + L_r + L_u\right\}$$

$$= 100 - \left\{\frac{14.07 \times 1.38 \times (160 - 15) \times 100}{40.60 \times 10^3} + 0.7 + 0.3\right\}$$

$$= 100 - (6.9345 + 0.7 + 0.3)$$

$$= 100 - 7.9345$$

$$= 92.0655 (\%)$$

答　92.07%

となる.

（問題）2

ボイラー効率改善を目的として設置するエコノマイザ及び空気予熱器について次の問いに答えよ.
（1） ボイラー排ガスの熱回収の観点から設置されるこれらの設備で，排ガス温度との関係でボイラー効率の改善度合いについて説明せよ.
（2） 空気予熱器を設置した場合，特に重質油燃焼において，燃焼性能の面で期待できる効果について説明せよ.
（3） エコノマイザまたは空気予熱器を設置した場合，排ガス中の環境汚染物質に及ぼす影響について，それぞれに相違点があれば説明せよ.
（4） 硫黄分を含む燃料を使用する場合，これらの設備の低温域では硫酸腐食が発生するため耐食材の使用を検討するのは勿論であるが，エコノマイザ及び空気予熱器それぞれの設備で，システムとして考慮されるべき対策について説明せよ.

（解　答）
（1） 排ガスの温度を20℃下げるごとにボイラー効率は約1％改善する.
（2） 燃焼空気温度を高めることができるので燃焼効率を改善し，空気過剰率を少なくすることができる.
（3） 空気予熱器を設置した場合，燃焼用空気温度が上昇するため，NO_xの発生量が増加する傾向となるが，エコノマイザではその懸念はない.
（4） エコノマイザ：給水温度を排ガス露点温度以上に保持する．空気予熱器：あらかじめ入口空気を予熱する.

（問題）3

過熱器の種類と構造について，次の文中の　　　　内に入る適切な語句などを答えよ．なお，同じ語句などを複数回使用してもよい.
（1） 燃焼方式により分類すると，　①　式は，過熱器用の専用の炉を有するもので，過熱温度の調整が自由である．一方，　②　式はボイラーの火炉内，火炉出口近傍又は燃焼ガス通路内に設置されるもので，一般的に使用される.
（2） 伝熱方式によって分類すると，　③　形は過熱管を火炉内又は火炉出口近傍に設け，主として火炎の　④　による伝熱を利用し，　⑤　形は，火炉出口付近の燃焼ガス流路内に設け，燃焼ガスの　⑥　による伝熱を利用するものである．実際のボイラーでは，ボイラー負荷による　⑦　が逆となるので，これらを適当に組み合わせて用いられる.

（3）　過熱器中の蒸気の流れ方向と熱ガスの流れ方向との関係によって分類すると，　⑧　　形では蒸気の流れとガスの流れが同方向のもので，温度の最も　⑨　　蒸気が温度の最も　⑩　　ガスと接触するように配置されたものであり，　⑪　　形は蒸気の流れとガスの流れが逆方向のもので，温度の最も　⑫　　蒸気が温度の最も　⑬　　ガスと接触するように配置したものである．　⑭　　形の方が少ない伝熱面積でも必要な出口蒸気温度を得ることができるが，蒸気出口部付近の　⑮　　は高くなるので，留意すべきである．

（解　答）

（1）　①　独立　　②　付属

（2）　③　放射　　④　放射　　⑤　対流　　⑥　対流　　⑦　温度特性

（3）　⑧　並流　　⑨と⑩は次のA又はBのいずれかの組合せ

	⑨	⑩
A	低い	高い
B	高い	低い

　　　⑪　向流　　⑫と⑬は次のA又はBのいずれかの組合せ

	⑫	⑬
A	高い	高い
B	低い	低い

　　　⑭　向流　　⑮　管壁温度

（注）（3）について

並流形と向流形の温度関係を図示すると次のようになる．

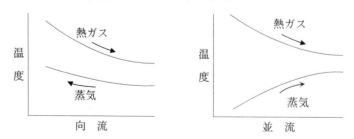

（問題）4

ボイラーの材料，伝熱，構造などに関する次のAからEまでの記述のうち，誤っているもののみの組合せは（1）～（5）のうちどれか．

A　物体表面の単位面積から単位時間に放出される放射エネルギーを放射エネルギー流束または放射度といい，物体表面の絶対温度の4乗に比例する．実際の物体面からの放射エネルギー流束は，同一温度の黒体面からの放射エネルギー流束と比べて常に大きい．

B　100℃の飽和水から100℃の乾き飽和蒸気に蒸発することを基準蒸発として，実際の蒸発量を基準蒸発の量に換算したものを毎時換算蒸発量といい，毎時換算蒸発量を毎時燃料消費量で除したものを換算蒸発倍数という．

C　材料の降伏点は，炭素鋼では明らかであるが，合金鋼や非鉄金属では明らかではない．後者の場合は通常，0.2%の永久ひずみを生ずる応力をもって降伏点とみなし，これを耐力という．各材料規格には規格降伏点と規格引張強さの最低値が規定されているが，材料の常温における規格降伏点を規格引張強さで割った値を降伏比といい，材料の特性を示す重要な値である．

D　重油専焼ボイラーにおいては，その重油中の灰分に五酸化バナジウム（V_2O_5）が含まれていると，これがボイラー伝熱面（鉄鋼表面）に付着し，五酸化バナジウムを含んだスケールが生成される．このスケールは溶融点が低いので，650℃～700℃程度でも伝熱面が激しく酸化される．これをバナジウムアタックといい，生石灰（CaO）などを添加してスケールの融点を高くしたり，管壁温度の上昇を抑える伝熱面配置の検討などが必要となる．

E　ドラムと多数の水管で構成される水管ボイラーにおいて，ドラムの長手方向に一直線に管穴が配置される管穴部の長手効率に対し，ドラムの周方向に管穴が配置される管穴部の周効率は，長手効率の1/2以下になるよう周方向の管穴ピッチを定める必要がある．

（1）A，C　（2）A，E　（3）B，C　（4）B，D　（5）D，E

（解　答）

答　2

（注）1　Aについて

黒体は，放射エネルギーを完全に吸収する物体であり，放射エネルギー流束は黒体が最も大きくなる．

実際の物体面からの放射エネルギー流束と，同一温度の黒体面からの放射エネルギーの比を放射率又は黒度といい，この値は常に1より小さくなる．

（注）2　Eについて

周効率は長手効率の1/2以上にする必要がある．

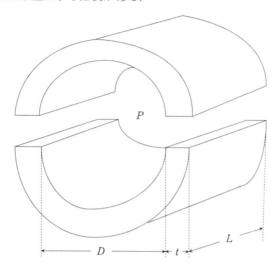

内径 D，長さ L，板厚 t，内圧 P の同筒胴について考えると長手接手にかかる応力 σ_1 は

$$\sigma_1 = \frac{DLP}{2Lt} = \frac{DP}{2t}$$

周接手にかかる応力 σ_2 は

$$\sigma_2 = \frac{\frac{1}{4}\pi D^2 P}{\pi D t} = \frac{DP}{4t}$$

$\sigma_1 : \sigma_2 = 2 : 1$

となるから，周接手は長手接手の1/2以上の効率があればよいことになる．

（問題）5

ボイラーの附属設備，附属装置，附属品などに関する次のAからEまでの記述のうち，誤っているもののみの組合せは（1）〜（5）のうちどれか．

A　安全弁の取付管台の構造について，2個以上の安全弁を共通の管台に設置する場合は，管台の蒸気流路の断面積をそれぞれの安全弁の蒸気取り入れ口の面積の合計以上とするなどの考慮が必要であるが，安全弁の排気管については，排気管内径を安全弁出口径より大きくし，複数の弁ごとに独立した排気管とすることなどを考慮することが望ましい．

B　ブルドン管圧力計は，普通形，蒸気用普通形，耐熱形及び蒸気用耐熱形に区分されているが，耐熱形は，使用温度が高いところでも使用できるので，ブルドン管に高温の蒸気や高温の水が入っても差し支えない．

C　二色式水面計は，光線の屈折率の差を利用して，平形透視式水面計またはマルチポート形水面計のガラスに赤色と緑色の2光線を通過させ，蒸気部は赤色，水部は緑色に見えるようにしたものである．

D　ボイラーの負荷変動に対してボイラーの燃料燃焼量をある程度一定にすることを目的としてアキュムレータ（蓄熱器）システムを用いることがあるが，ボイラー出口蒸気系統に配備される定圧式のものや，ボイラー給水系統に配備される変圧式のものがある．システムの選定に際しては，負荷変動時の蒸気の使用先の制限条件，ボイラー負荷追随特性などを考慮して決定する必要がある．

E　ボイラー底部からのブローは，間欠的に行うので，水及び熱の損失が多くなるため，適量を連続的にブローする連続ブロー装置を設けることがある．連続ブロー装置は，ブロー水をドラムの水面付近から連続的に取り出し，ボイラー水の濃度を管理値範囲内に保つ装置で，ブロー水の熱を回収する方法には，フラッシュタンクで減圧して気化させ，蒸気を脱気器などで回収し，濃度の高い水を排出する方式などがある．

（1）　A，C　　　（2）　A，E　　　（3）　B，C　　　（4）　B，D　　　（5）　D，E

（解　答）

答　4

（注）1　Bについて

耐熱形のブルドン管圧力計は，周囲の温度が最高80℃になる場所に取り付けて使用するものである．したがって，耐熱形であっても，ブルドン管へ高温の蒸気や温水が入らないようにしなければならない．

なお，普通形は－5℃～45℃，蒸気用は10℃～50℃の場所に取り付けて使用するものとなっている．

（注）2　Dについて

ボイラー出口蒸気系統に配備されるのが変圧式，ボイラー給水系統に配備されるのが定圧式である．

ボイラー出口蒸気系統に配備されるアキュムレータは，低負荷時，余剰の蒸気を飽和温度の水に吹き込んで高温水の形でエネルギーを保存し，高負荷時，出口側の圧力を下げて，そのエネルギーを蒸気の形で取り出す．したがって出口側圧力は，常にボイラー圧力より低くなる．

ボイラー給水系統に配備されるアキュムレータは，低負荷時，余剰の蒸気を給水に吹き込んで温

水としておき，高負荷時，その温水をボイラーに給水する．したがってボイラーから送り出す蒸気は，定圧に保つことができる．

（問題）6

ボイラーの自動制御に関する次のAからEまでの記述のうち，誤っているもののみを二つ選べ．

A　自動制御を行っているボイラーを2基以上並列運転する場合，ボイラーごとの蒸気圧力調節器をそのまま使用するときには，それぞれの圧力調節器の比例動作を広くすると同時に，各ボイラーごとに設定圧力を調整することによって任意の負荷配分を行うことができる．

B　調節器の比例動作は，操作量を変化させるために制御偏差を必要とし，外乱が生じると定常状態に落ち着いた後にオフセットが生じる．オフセットは比例帯の幅を狭くすると小さくなり，比例帯の幅を狭くし過ぎると比例動作が過大となり，サイクリング現象を生ずる．また調節器のオンオフ動作（2位置動作）では，制御偏差の値に応じて操作量があらかじめ定められた2つの値のいずれかをとるもので，構造が簡単で安価であるが，操作量が両極端の位置しかとれないので，ハンチング現象がさけられない．

C　ボイラーのドラム水位制御などにおいては，給水量を操作してもある時間まではドラム水位に変化はなく，その後はある値に落ち着いてゆく．入力が変化してから出力の変化が認められるまでの時間をむだ時間 L といい，初期の変化速度がそのまま持続すると仮定した場合の最終平衡値に達するまでの時間 T を時定数という．一般に制御安定度は，T と L との比 T/L で決まり，この値が小さい場合は制御が容易であり，大きい場合は制御が困難である．

D　効率良く燃焼を行わせる空燃比の制御において，燃焼ガス成分組成が変わることを利用した燃焼ガス中の酸素（O_2）濃度を検出して制御システムに組み込む方法があるが，正確な制御が可能となる反面，試料採取の時間遅れや保守などの難点もある．

E　空気量の調節において，ファン出口ダンパあるいは入口ベーンの開度を変える方法，ファンの回転数を変える方法などがあるが，出口ダンパによる制御は簡単で応答も早いが低負荷時の動力損失が大きい欠点があり，入口ベーン方式による制御は効率もよく簡単である．

（解　答）

答　B，C　（順不同）

（注）１　Bについて

　比例制御において，比例帯を狭くし過ぎて比例動作が過大となり，制御量が安定しないで持続振動を起こす．この状態をハンチングという．

　オンオフ制御で行うような出力信号の周期的変化をサイクリングという．

（注）２　Cについて

　T/L が大きい場合は，制御が容易になる．

2. ボイラーの取扱いに関する知識

（問題）1

給水に軟化水を使用する常用圧力1.5 MPaで運転するボイラーで，連続ブローを行いながら運転する場合，次ページの（1）～（3）の問に答えよ.

ただし，ボイラー水中の全蒸発残留物濃度は清缶剤注入薬品を含むものとし，塩化物イオン，シリカ（SiO_2）及び溶存酸素の給水の値及びボイラー水の管理値は表1のとおりとする.

表1

	給　水	ボイラー水管理値
全蒸発残留物	150 mg/L	2000 mg/L 以下
塩化物イオン	15 mgCl/L	300 mgCl/L 以下
シ　リ　カ	20 mgSiO₂/L	300 mgSiO₂/L 以下 （メタけい酸ナトリウムをシリカの相当量に換算）
溶　存　酸　素	0.5 mgO/L	

また，ボイラー水中のシリカは全量，酸消費量（pH 8.3）（本問では成分はすべて水酸化ナトリウム（NaOH）とする.）を一定の値以上に保つことによって水溶性のメタけい酸ナトリウム（Na_2SiO_3）に変えるものとし，酸消費量（pH 8.3）の値は，清缶剤の注入により，消費，排出される分を補充して保つものとする.

なお，シリカをメタけい酸ナトリウムに変える反応式は次のとおりとし，各物質の分子量・式量は表2のとおりとする.

$$SiO_2 + 2NaOH \rightarrow Na_2SiO_3 + H_2O$$

表2　各物質の分子量・式量

物質	SiO_2	NaOH	$CaCO_3$	Na_2SO_3	SO_3^{2-}	O_2	Na_2SiO_3
分子量・式量	60	40	100	126	80	32	122

答は，いずれも，必要な計算式をすべて示すとともに，それらの計算の過程を示し，計算結果の端数処理は各問の指示によること.

なお，計算式は，（1）及び（3）については，計算に用いる値を示す語句，及び，物質の分子量（式量）については当該物質の化学式を用いて表し，（2）については本問中に示された数値を用いて表すこと.

（1） シリカ 1 mgSiO₂/L をメタけい酸ナトリウムに変えるために保たなければならない
酸消費量（pH 8.3）（すべて NaOH として）の最小値〔mgCaCO₃/L〕を求めよ．答は，小
数点以下第 2 位を切り上げよ．

（2） ボイラー水中の全蒸発残留物，塩化物イオン及びメタけい酸ナトリウム（シリカの
相当量に換算）の値を表 1 のボイラー水管理値に保持するために最低必要な給水量に対
する連続ブロー率 b〔％〕を求めよ．答は，小数点以下第 2 位を切り上げよ．

（3） 脱酸素剤に亜硫酸ナトリウム（Na₂SO₃）を使用し，ボイラー水中の亜硫酸イオン濃
度を 20 mgSO₃²⁻/L に保持するとき，次の①，②の問に答えよ．

① 亜硫酸ナトリウム（Na₂SO₃）により水中に溶存する酸素を除去する（脱酸素）化学
反応式を示せ．

② 給水 1 t 当たりに注入する亜硫酸ナトリウム（Na₂SO₃）の量〔g Na₂SO₃〕を求めよ．
ただし，給水量に対する連続ブロー率は，（2）で求めた b〔％〕とする．答は，小数
点以下第 2 位を切り上げよ．

（解　答）

（1）

$$酸消費量（pH 8.3）= \frac{2 \times NaOH}{SiO_2} \times \frac{CaCO_3}{2 \times NaOH}$$

$$= \frac{2 \times 40}{60} \times \frac{100}{2 \times 40}$$

$$= 1.666$$

答　1.7 mgCaCO₃/L

（2）

$$ブロー率\ b = \frac{給水の濃度対象物質濃度}{ボイラー水の濃度対象物質濃度} \times 100$$

である．各物質に対する最低必要なブロー率は，

全蒸発残留物に対するブロー率 b_1 は

$$b_1 = \frac{150}{2000} \times 100 = 7.5（％）$$

塩化物イオンに対するブロー率 b_2 は

$$b_2 = \frac{15}{300} \times 100 = 5.00（％）$$

シリカ（メタけい酸ナトリウム）に対するブロー率 b_3 は

$$b_3 = \frac{20}{300} \times 100 = 6.66 (\%)$$

上記のうち全蒸発残留物に対するブロー率 b_1 が最も大きい.

よって, 最低必要な連続ブロー率 b は, 7.50%

答　7.5%

（3）

① 亜硫酸ナトリウムにより水中に溶存する酸素を除去する（脱酸素）化学反応式は

$$Na_2SO_3 + \frac{1}{2} O_2 \rightarrow Na_2SO_4$$

② 脱酸素に必要な亜硫酸ナトリウム量は

$$給水の溶存酸素濃度 \times \frac{Na_2SO_3}{0.5 \times O_2} = 0.5 \times \frac{126}{0.5 \times 32} = 3.9375 (g)$$

連続ブローによって排出される亜硫酸ナトリウム量は

$$ボイラー水の亜硫酸イオン濃度 \times 連続ブロー率 \times \frac{Na_2SO_3}{SO_3{}^{2-}} = 20 \times \frac{7.5}{100} \times \frac{126}{80}$$

$$= 2.3625 (g)$$

よって, 給水1トン当たりの亜硫酸ナトリウムの必要量は

$$3.9375 + 2.3625 = 6.300 (g)$$

答　6.3 g Na_2SO_3

（問題）2

蒸気噴霧式油バーナで運転中のボイラーが燃焼系統の異常により失火した場合の処置及び原因に関し, 次の（1）～（3）の問に答えよ.

（1）　次の記述は, 失火したときに緊急に（原因究明の前に）行うべき処置を順不同に列挙したものである. ①～⑩の　　　　内に当てはまる最も適切な語句を下表の語群の中から選び, その記号を記入せよ. なお, 同じ記号を複数回使用してもよい.

A　主蒸気弁を閉じる.

B　　①　　を使用している場合は, その熱源を停止する.

C　　②　　の運転を停止し, 電源を切る.

D　　③　　及び　④　　はそのままとし, 　⑤　　を行う.

E　炉内に油がこぼれていないか調べる.

F　炉内に油や　⑥　　がないことを確認した場合は, 　⑦　　を停止し, 電源を切っ

て，　⑧　を閉じる．

H　　⑨　を閉じて　⑩　を停止する．

I　ボイラーの圧力と水位を確認する．

語群

> ア：給水ポンプ　　　イ：給水調節弁　　　ウ：主蒸気弁　　　エ：ドレン弁　　　オ：ダンパ
>
> カ：ファン　　キ：過熱器　　ク：エコノマイザ　　　ケ：空気予熱器　　　コ：油加熱器
>
> サ：油電磁弁　　　シ：油圧力調節弁　　　ス：油ポンプ　　　セ：点火装置
>
> ソ：バーナの止め弁　　　タ：燃焼用空気　　　チ：噴霧蒸気　　　ツ：可燃ガス
>
> テ：ドレンの排出　　　ト：スートブロー　　　ナ：炉内及び煙道内のパージ
>
> ニ：主燃料遮断インターロックの作動試験　　　ヌ：点火　　　ネ：冷却　　　ノ：油の供給
>
> ハ：ブロー　　ヒ：給水　　フ：すす　　ヘ：過熱の形跡　　ホ：気水の漏れ
>
> マ：スラッジ　　　ミ：腐食　　ム：炉内圧力

（2）　（1）のA〜I（Gは使われていない）の処置のうち，緊急に行うべき処置として，
　　　最も優先すべき処置を3つ挙げ，その記号を記入せよ．

（3）　下表は，失火の原因について，「何が（機器，燃料油，燃焼条件など）」「どうなっ
　　　ているか（状態など）」を示したものである．

　　　　表中の①〜⑦の空欄に当てはまる適切な語句，文などを答えよ．

	何が（機器，燃料油，燃焼条件など）	どうなっているか（状態など）
（1）機器	バーナ噴霧穴（チップ）	①
	②	異物，スラッジなどの詰まりがひどい．
（2）燃料油	燃料油の混入物	水やガスなどが多く混入．
	燃料油の加熱温度	③
（3）燃焼条件など	バーナの燃焼量	④
	⑤	燃焼用油量に対して過大になっている．
	⑥	高すぎる．
	噴霧蒸気の水分	⑦

（解　答）

（1）　①　コ　　②　ス　　③　オ　　④　カ　（③，④は入れ替わり可）

　　　⑤　ナ　　⑥　ツ　　⑦　カ　　⑧　オ　　⑨　ソ　　⑩　ノ

（2）　C　D　H　（順序は問わない．）

（3）　①　詰まっている　　②　油ストレーナ　　③　低すぎる

　　　④　最低燃焼量を下回っている　　⑤　燃焼用空気量　　⑥　噴霧蒸気の圧力

　　　⑦　多い

（問題）3

ボイラー水及び給水の電気伝導率に関する次の文中の　　　　内に入る適切な語句又は数値を答えよ.

（1）　ボイラー水及び給水の電気伝導率の測定は，水の　①　や，　②　濃度を推定する目的で行う.

（2）　水溶液の電気伝導は，溶存する　③　の移動によって行われ，電気伝導率は温度の影響を大きく受けるので　④　℃のときの値で表す.

（3）　②　は，すべてが　⑤　であるということはなく，コロイド状シリカのような　⑥　も含まれるが，　⑦　がほぼ一定している場合は，ボイラー水の　②　の濃度と電気伝導率との　⑧　を作成しておけば　②　の濃度は容易に推定できる.

（4）　⑨　を使用した給水及びボイラー水でも，　②　の濃度を求めるために，電気伝導率は比較的小さい誤差で測定が可能である.

　　　また，電気伝導率を測定する利点は，　⑩　が短く　⑪　系に組み入れやすいことである.

（5）　⑫　処理を行っているボイラー水の電気伝導率を測定する場合は，試料を水素イオン形強酸性　⑬　を充てんしたカラムに通した後に測定する.

（6）　復水器の冷却に　⑭　を使用する場合は，給水の電気伝導率を測定すると冷却水の　⑮　検知に役立つ.

（解　答）

（1）　①　純度　　②　溶解性蒸発残留物

（2）　③　イオン　　④　25

（3）　⑤　電解質　　⑥　非電解質　　⑦　水質条件　　⑧　関係線

（4）　⑨　イオン交換水　　⑩　測定時間　　⑪　自動制御

（5）　⑫　高純度　　⑬　陽イオン交換樹脂

（6）　⑭　海水　　⑮　漏洩

(問題) 4

過熱器付きボイラーを一定蒸発量で運転している場合，蒸気温度の変化に関する次のAからEまでの記述のうち，誤っているもののみの組合せは（1）〜（5）のうちどれか．

A　火炉での燃焼遅れにより火炎が過熱器に進入すると蒸気温度は上昇する．

B　給水温度が設計値より低くなると，蒸気温度は下降する．

C　火炉が汚れてくると，蒸気温度は上昇する．

D　ボイラー水がキャリオーバすると，蒸気温度は上昇する．

E　過熱器の外面が汚れてくると，蒸気温度は下降する．

（1）A，C　　（2）A，D　　（3）B，D　　（4）B，E　　（5）C，E

(解　答)

答　3

（注）1　Bについて

給水温度が低くなると，燃焼量が同一の場合は蒸発量が減少する．そのため蒸気量あたりの燃焼ガス量が多くなり，蒸気温度は高くなる．

（注）2　Dについて

キャリオーバー（carry-over）とは，ボイラー水中に溶解している固形分や水分が蒸気に混入して運び出される現象である．

蒸気中に水分が混入していると，その水分を蒸発させるためにエネルギーが必要となり，蒸気温度は低下する．

(問題) 5

ボイラーの腐食に関する次のAからEまでの記述のうち，誤っているもののみの組合せは（1）〜（5）のうちどれか．

A　高圧ボイラーの蒸発管内部に接するボイラー水中で濃縮した水酸化ナトリウムが，防食に役立っている被膜を溶解して発生する腐食はアルカリ腐食である．

B　溶存酸素による鋼材の腐食は，当初，全面腐食の形態で発生することが多い．

C　グルービングは，細長く連続した溝状の腐食のことで，炉筒煙管ボイラーの炉筒前後部のフランジの曲り部などに発生しやすい．

D　燃料中にバナジウム化合物が含まれる場合には，高温高圧ボイラーにおいて過熱器管や支持金具にバナジウムアタックといわれる高温腐食が発生することがある．

E　燃料中の硫黄分による低温腐食は，燃焼用空気を高空気比で供給し，燃焼ガス中の三

酸化硫黄（SO_3）濃度を下げることによって抑制することができる.

（１）A，C　　（２）A，D　　（３）B，D　　（４）B，E　　（５）C，E

（解　答）

答　4

（注）１　Bについて

鋼材の腐食は，点食（ピッチング）の形で発生することが多い.

（注）２　Eについて

燃料中の硫黄分（S）は，燃焼してSO_2（二酸化硫黄）となり，その一部が更に酸化してSO_3（三酸化硫黄）となる.

このSO_3が燃焼ガス中の水分（H_2O）と化合してH_2SO_3（硫酸）となり，低温部分に接触すると凝縮して激しい腐食を起こす.

低温腐食を防ぐには、SO_2がSO_3なるのを防ぐためO_2（酸素）を少なくする. つまり低空気比燃焼を行う方がよい.

（問題）6

ボイラーの起動準備及び点火に関する次のAからEまでの記述のうち，誤っているもののみを二つ選べ.

A　点火前には，一般に，常用水位まで水を張り，その水の温度を，ボイラー本体の温度に近く，大気温度以上で，かつ5℃以上とする.

B　回転再生式空気予熱器は，ファンの起動前に起動しなければならない.

C　微粉炭焚きボイラーでは，通常，最大負荷の30〜50％まで油焚きで燃焼し，十分火炉が温まってから微粉炭を供給する.

D　蒸気（空気）噴霧式の油バーナでは，油に着火して燃焼が安定してから，噴霧蒸気（空気）を噴出させる.

E　点火後の低燃焼時は，空気予熱器の出口ガス温度を注意深く監視する. 突然，この温度が上昇するときは，空気予熱器で異常燃焼が発生している可能性が高い.

（解　答）

答　A，D　（順不同）

（注）　1　Aについて

　給水の温度は5℃以上ではなく20℃以下とならないようにし，ボイラー材料に熱応力が生じないようにする．

（注）　2　Dについて

　噴霧蒸気（空気）は，油を霧化するためのものであるから，油を送る前に噴出させなければならない．

　ボイラーの安全のためには，未燃焼の燃料が炉内に入るようなことは絶対さけなければならない．

3. 燃料及び燃焼に関する知識

（問題）1

水素 $h_2 = 1$（体積比100%）を専焼とするボイラーで，次の問いに答えよ．ただし，燃焼用空気は体積比で O_2 が21%，N_2 が79%で，燃料は完全燃焼するものとし，気体の体積は標準状態（0℃，101.325 kPa）に換算した値とする．

（1）この水素の燃焼反応式を示せ．

（2）この燃料を空気比 $m = 1.2$ で燃焼させる場合，次の①～⑤の値を求めよ．

　答は，本問で使用している記号を用いた計算式及び計算の過程を示し，結果は，①～④は小数点以下第3位を四捨五入し，⑤は小数点以下第2位を四捨五入せよ．

　① 理論空気量 A_o〔m³/m³（燃料）〕

　② 理論乾き燃焼ガス量 V_{do}〔m³/m³（燃料）〕

　③ 実際の乾き燃焼ガス量 V_d〔m³/m³（燃料）〕

　④ 実際の湿り燃焼ガス量 V_w〔m³/m³（燃料）〕

　⑤ 発生する全燃焼ガス量に対する各成分ガスの湿ガス基準による体積比〔%〕

（解　答）

（1）燃焼反応式

$$H_2 + \frac{1}{2}O_2 \rightarrow H_2O$$

（2）空気比 $m = 1.2$ で燃焼させる場合

　①
$$A_0 = \frac{1}{0.21} \times \frac{1}{2} h_2$$
$$= \frac{1}{0.21} \times \frac{1}{2} \times 1$$
$$= 2.381 \fallingdotseq 2.38 〔m³/m³（燃料）〕 \quad 答　2.38 m³/m³（燃料）$$

　②
$$V_{do} = 0.79 A_o$$
$$= 0.79 \times 2.381$$
$$= 1.881 \fallingdotseq 1.88 〔m³/m³（燃料）〕 \quad 答　1.88 m³/m³（燃料）$$

③ $V_d = V_{do}+(m-1)A_o$

  $= 1.881+(1.2-1)\times 2.381$

  $= 2.357 \fallingdotseq 2.36$〔$\mathrm{m^3/m^3}$（燃料）〕　　　　答　2.36 $\mathrm{m^3/m^3}$（燃料）

④ 燃料 1 $\mathrm{m^3}$ から発生する水蒸気の量を W_s とすると，$W_s = h_2 = 1$

  $V_w = V_d + W_s$

  $= 2.357+1$

  $= 3.357 \fallingdotseq 3.36$〔$\mathrm{m^3/m^3}$（燃料）〕　　　　答　3.36 $\mathrm{m^3/m^3}$（燃料）

⑤ $\mathrm{O_2} = \dfrac{(m-1)\,A_o}{V_w}\times 0.21\times 100$

  $= \dfrac{(1.2-1)\times 2.381}{3.357}\times 0.21\times 100$

  $= 2.98 \fallingdotseq 3.0\%$（容積比）　　　　答　3.0%（容積比）

  $\mathrm{N_2} = \dfrac{m\,A_o}{V_w}\times 0.79\times 100$

  $= \dfrac{1.2\times 2.381}{3.357}\times 0.79\times 100$

  $= 67.24 \fallingdotseq 67.2\%$（容積比）　　　　答　67.2%（容積比）

  $\mathrm{H_2O} = \dfrac{W_s}{V_w}\times 100$

  $= \dfrac{1}{3.357}\times 100$

  $= 29.788 \fallingdotseq 29.8\%$（容積比）　　　　答　29.8%（容積比）

（注）1　燃焼反応式について

　1 kmol の気体の体積は標準状態において 22.4 $\mathrm{m^3}$ であるから，

$$\mathrm{H_2} \quad + \quad \tfrac{1}{2}\mathrm{O_2} \quad \rightarrow \quad \mathrm{H_2O}$$

	22.4 $\mathrm{m^3}$	$\frac{1}{2}\times 22.4\,\mathrm{m^3}$	22.4 $\mathrm{m^3}$
体積比	1	0.5	1
質量比	$1\times 2=2$	$\frac{1}{2}\times 16\times 2=16$	$1\times 2+16=18$
	1	8	9

となる．

（注）2　燃焼計算の基礎

　燃焼計算の基礎になるのは 1 kmol（キロモル），つまり分子量に kg（キログラム）をつけた量の気体の体積は，気体の種類に関係なく，すべて標準状態（0℃，101.325 kPa）において 22.4 m³ になるということである．なお 101.325 kPa は標準大気圧である．

　炭素（C）の燃焼について考えると

$$C \quad + \quad O_2 \quad = \quad CO_2$$

12kg	16×2=32kg	12+16×2=44kg
	22.4 m³	22.4 m³

となる．12 kg の炭素（C）が 22.4 m³ の酸素（O_2）で燃焼して 22.4 m³ の二酸化炭素（CO_2）になるということである．

（問題）2

　ボイラーの次の 6 つの低 NO_x 燃焼法について，それぞれその主たる NO_x 抑制原理を述べよ．なお，複数の異なる燃焼法に同じ NO_x 抑制原理を記述してもよい．

①　水・蒸気吹込燃焼法

②　空気二段燃焼法

③　燃料二段燃焼法

④　空気への排ガス再循環法

⑤　空気側バイアス燃焼法

⑥　エマルジョン燃焼法

（解　答）

低 NO_x 燃焼法	主たる NO_x 抑制原理
①水・蒸気吹込燃焼法	燃焼温度を低くする．
②空気二段燃焼法	全体として適切な空気比で燃焼する火炎中に，低空気比領域と高空気比領域を故意に作る．
③燃料二段燃焼法	還元物質の生成により脱硝する．
④空気への排ガス再循環法	燃焼温度を低くする．
⑤空気側バイアス燃焼法	全体として適切な空気比で燃焼する火炎中に，低空気比領域と高空気比領域を故意に作る．
⑥エマルジョン燃焼法	燃焼温度を低くする．

(問題) 3

ガス焚<だ>きボイラーのバーナに関する次の記述について，文中の　　　内に入る適切な語句などを答えよ．

気体燃料は，液体燃料と異なり　①　や　②　の過程がなく，空気（酸素）と直接反応して燃焼するので比較的容易に　③　燃焼を行うことができる．

気体燃料の燃焼器（ガスバーナ）は，予混合形と拡散形に大別される．予混合形ガスバーナには，燃焼用空気の　④　を燃料ガスと予混合し，　⑤　を必要としない　⑥　予混合形と，燃焼用空気の　⑦　と燃料ガスを予混合してノズルから噴出させ，残りの必要な空気量を　⑤　として供給する　⑧　予混合形がある．予混合形ガスバーナは火炎が　⑨　，高い　⑩　を得られることが特徴であるが，調節を誤ると　⑪　する危険性がある．

拡散形ガスバーナは，噴霧式油バーナと同じく拡散燃焼によるもので，空気流中に燃料ガスを噴射孔から噴射して火炉中で拡散混合しながら燃焼するもので，操作範囲が広く　⑪　の危険性が少ないので，ボイラー用として広く用いられている．拡散形ガスバーナは，燃料噴射ノズルによって分類され，代表的なものとして，　⑫　形，　⑬　形，アニュラ形，　⑭　形がある．

これらの内，　⑬　形，アニュラ形，　⑭　形はバーナの中心に　⑮　を設けることにより，液体燃料などと混焼が可能である．

(解　答)

① 霧化　② 蒸発 （①と②は入れ替わり可）　③ 低空気比　④ 全量

⑤ 二次空気　⑥ 完全　⑦ 一部　⑧ 部分　⑨ 短く　⑩ 火炎温度

⑪ 逆火　⑫ センタファイア

⑬ リング　⑭ スパッド （⑬と⑭は入れ替わり可）　⑮ 油アトマイザ

(問題) 4

気体燃料に関する次のAからEまでの記述のうち，誤っているもののみの組合せは（1）〜（5）のうちどれか．

A　気体燃料は，燃料ガスと空気との混合状態及び燃焼状態が自由に制御できるため，予混合の小さくシャープな火炎から，拡散炎の大容量バーナまで，様々な形状，容量の火炎を作ることができる．

B　一般に気体燃料の火炎は火炉では不輝炎となり熱放射が小さい．管群部での燃焼ガスの気体塊は水蒸気分圧が高いので不輝炎放射は小さくなる．

C　気体燃料は製造所あるいは貯蔵所から燃焼設備まで配管で輸送され，配管口径は液体燃料に比べて大きくなり，設備費はかさむ．

D　気体燃料はいったん漏えいすると可燃混合気を作り，ガス爆発を発生しやすいので，漏えいの防止，漏えい検知等に留意する必要がある．プロパンガスは密度が小さいため天井部に滞留しやすい．

E　気体燃料は，燃焼に際して，未燃分，ばいじんの発生が基本的に少なく，燃料の硫黄分，窒素分，灰分が少ないので公害防止上有利である．

（１）　A，C　　（２）　A，D　　（３）　B，D　　（４）　B，E　　（５）　C，E

（解　答）

答　　3

（注）　1　Bについて

管群部では，水蒸気のため放射は大きくなる．

（注）　2　Dについて

プロパンガスは密度が大きいため床に滞留しやすい．空気は分子量 32 の酸素（O_2）が23%，分子量28の窒素（N_2）が77%とみなされるので，平均分子量がほぼ 29 となるのに対し，プロパンガス（C_3H_8）の分子量は44（$12 \times 3 + 1 \times 8$）である．

気体はその種類に関係なく 1 kmol が標準状態で 22.4 m³ であるから，分子量が大きいほど密度が大きくなる．

（問題）　5

流動層ボイラーに関する次のAからEまでの記述のうち，誤っているもののみの組合せは（１）～（５）のうちどれか．

A　バブリング流動層ボイラーでは起動操作や負荷変動に対応するため，流動層を通常いくつかの区画（セル）に区分けしている．

B　石炭焚きバブリング流動層ボイラーの伝熱部で摩耗の最も激しい箇所は，火炉出口部に設置された蒸発水管と過熱管である．

C　流動層ボイラーの環境対策面では，流動媒体として投入された石灰石により炉内脱硫が可能であり，また燃焼温度が800℃～900℃と低く，NO_x 発生を比較的低く抑えられる．

D　循環流動層ボイラーは，流動媒体の系内循環による伝熱促進を図ったもので，燃焼室での空塔速度を 1 m/s～2 m/s とし，水冷壁構造の燃焼室から飛び出した循環粒子はサイクロンなどで捕集され燃焼室へ戻される．

　E　流動層燃焼では，亜炭，褐炭，れき青炭などの石炭のみならず，ピート，バーク，木くず，廃タイヤ，石油コークス，プラスチックなどの幅広い固体燃料の燃焼が可能である．
（1）A，C　　（2）A，D　　（3）B，D　　（4）B，E　　（5）C，E

（解　答）

答　3

（注）1　Bについて

摩耗が激しいのは，流動する燃料に接触する伝熱部である．

（注）2　Dについて

循環流動層ボイラーの空塔速度を3～8 m/s である．

（問題）6

ボイラーに使用される集じん装置に関する次のAからEまでの記述のうち，誤っているもののみを二つ選べ．

　A　ろ過式集じん装置は，含じんガスをろ布に通して，粒子を分離捕集する装置で，一般にバグフィルタと呼ばれている．ろ過速度は1 m/s 程度である．ろ布の材質により耐用温度が決まり，ガラス繊維のろ布で250℃程度が上限である．

　B　洗浄集じん装置は，液滴などによって含じんガスを洗浄し，粒子の分離を行う装置で，留水式，加圧水式がある．

　C　遠心力集じん装置は，含じんガスに旋回運動を与え，粒子に作用する遠心力によって粒子をガスから分離捕集する装置で，通常サイクロン式と呼ばれ，接線流入式と軸流式がある．接線流入式は入口ガス速度は7 m/s～15 m/s，捕集の粒子径は $10\,\mu m$～$100\,\mu m$ 程度である．

　D　電気集じん装置は，特高圧直流電源によってコロナ放電を起こさせ，ガス中の粒子に電荷を与え，この帯電粒子をクーロン力によって集じん極（＋）に分離捕集する装置であり，ダストの電気抵抗値が重要で，$10^{11}\,\Omega\,cm$ 以上が最適とされている．特徴としては，処理ガス量が大きく集じん効率も高く，微粒子（$0.05\,\mu m$～$20\,\mu m$）の捕集が可能で，圧力損失も少ない．

　E　慣性力集じん装置は，含じんガスをじゃま板などに衝突させ，気流の急激な方向転換を行い，粒子の慣性力によって分離する装置で，衝突式と反転式がある．気流の方向転換角度が大きく，旋回回数が多いほど，また，衝突直前のガス速度を大きくすると集じ

ん効率は高くなる.

（解　答）

答　A，D　（順不同）

（注）1　Aについて

ろ過式集じん装置の集じん速度は低く，1 cm/s 程度である.

（注）2　Dについて

電気集じん装置で最適とされるダクトの電気抵抗値は $10^4 \sim 5 \times 10^{10}\,\Omega\,cm$ の範囲である.

4. 関 係 法 令

（問題）1

鋼製ボイラーの胴板に穴を設け，下図のように，管（内径140 mm，外径160 mm）を取り付けるものとする．その際，この管はその中心線が胴の長さ方向の中心軸と垂直に交わるように取り付けられ，当該管が取り付けられる穴は胴の継手を通らないものとする．

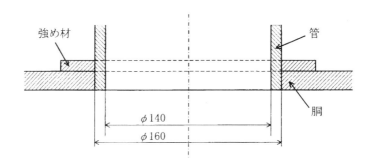

この穴の補強は，その周囲に強め材を取り付けて行うものとして，次のページの（1），（2）の問に答えよ．

答は，本問で使用している記号及び値を用いた計算式並びに計算の過程を示し，結果の端数処理は各問の指示に従うこと．

なお，胴に設けられる穴には，穴の中心を含み穴の面に垂直な断面（上図）で，次の ① 式による強め材の必要断面積A以上の面積の強め材を取り付けるものとし，胴と強め材の材質は同じとする．

①式：$A = d \times t_r$

ここに，A：強め材の必要断面積〔mm²〕

d：断面に現れる穴の径〔mm〕

t_r：継目無胴板の計算上必要な厚さ〔mm〕

また，次の2式（②式及び③式）は，内面に圧力を受ける胴の最小厚さを求める式であり，どちらか一方が『胴の外径を基準とする式』で，他方が『胴の内径を基準とする式』である．

②式：$t = \dfrac{PD}{2\,\sigma_a\eta + 2\,kP} + \alpha$

③式：$t = \dfrac{PD}{2\,\sigma_a\eta - 2\,P(1-k)} + \alpha$

両式において，t：胴の最小厚さ〔mm〕

P：最高使用圧力〔MPa〕

D：胴の内径（胴の内径を基準とする式の場合）又は外径（胴の外径を基準とする式の場合）〔mm〕

σ_a：材料の許容引張応力〔N/mm²〕

η：長手継手の効率

k：材料の種類と使用温度から与えられる値

α：付け代〔mm〕

（1） 胴の内径を基準とする式が②式，③式のいずれかを答え，その式を用いて継目無胴板の計算上必要な厚さ t_r〔mm〕を求めよ.

ただし，胴の最高使用圧力を 1.5 MPa，胴の内径を 1500 mm，胴の材料の許容引張応力を 102 N/mm²，k を0.4，α を 0 mm とし，η については，本問の内容から導かれる値を求めて使用すること.

答は，小数点以下第2位を切り上げよ.

（2） （1）で求めた t_r を用いて強め材の必要断面積 A〔mm²〕を求めよ.

答は，1 の位を切り上げよ.

（解 答）

（1） 内径基準の式は③式である. 穴は継手を通らないので，$\eta=1$

$$t_r = \frac{1.5 \times 1500}{2 \times 102 \times 1 - 2 \times 1.5 \times (1-0.4)}$$

$$= 11.13$$

答　11.2〔mm〕

（2） d は，140〔mm〕である.

$$A = 140 \times 11.2$$

$$= 1568$$

答　1570〔mm²〕

（注）1　t を求める算式について

胴の板厚を求める算式は，圧力が板の外側から見て kt，内側から見て $(1-k)t$，はなれた所にかかると見て作られた式である.

胴の外径を D_o，内径を D_i として図示すると，次のようになる.

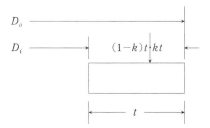

胴板に生じる応力は，胴内の圧力によって生じるものであるから，長さ L の胴については外径基準 (D_o) で考えると，

$$2tL\sigma_a\eta = P(D_o-2kt)L$$

$$2t\sigma_a\eta = PD_o-2ktP$$

$$2t\sigma_a\eta+2ktP = PD_o$$

$$t(2\sigma_a\eta+2kP) = PD_o$$

$$t = \frac{PD_o}{2\sigma_a\eta+2kP}$$

となる．また内径 (D_i) 基準で考えると，

$$2tL\sigma_a\eta = P\{D_i+2(1-k)t\}L$$

$$2t\sigma_a\eta = PD_i+2(1-k)tP$$

$$2t\sigma_a\eta-2(1-k)tP = PD_i$$

$$t\{2\sigma_a\eta-2(1-k)P\} = PD_i$$

$$t = \frac{PD_i}{2\sigma_a\eta-2P(1-k)}$$

となる．

(注) 2　内径基準と外径基準の判別法

内径基準と外径基準の判別だけであれば，次のように考えることもできる．

同一のボイラーであるから②式で求めた t と③式で求めた t は等しくなるはずである．

右辺について考えると

$$D_o > D_i$$

であるから，その分子も

$$PD_o > PD_i$$

つまり，（外径基準の式）＞（内径基準の式）となる．左辺の t は同じ値となるわけであるから，右辺の分母も（外径基準の式）＞（内径基準の式）とならねばならない．ここで実際の式についてみると，

$$2\sigma_a\eta+2kP > 2\sigma_a\eta-2P(1-k)$$

となるから，②式が外径基準となることが判る．

（注）3　補強について

　問題文には示されていないが，補強には有効範囲があり，また実際の板厚を t，計算上必要な板厚を t_r とすると，

$$t - t_r$$

の部分は補強に算入できるなどの規定もある.

（問題）2

ボイラーの検査について，次の（1），（2）の問に答えよ.

（1）　屋内に設置された伝熱面積が 20 m² の炉筒煙管ボイラーの落成検査においては，当該ボイラーのほか，法令上，当該ボイラーに係る次の事項について検査を受けなければならないとされている.

　　　　　　内に入る適切な語句を答えよ.

①　　　　　　

②　ボイラー及びその　　　　　　の　　　　　　

③　ボイラーの　　　　　　並びに　　　　　　及び　　　　　　の　　　　　　

（2）　法令上，次の者はボイラーの使用検査を受けなければならないとされている.

　　　　　　内に入る適切な文言を答えよ.

①　　　　　　　　　　　　　した者

②　　　　　　　　　　　　　しようとする者

③　　　　　　　　　　　　　しようとする者

（解　答）

（1）　①　ボイラー室

　　②　ボイラー及びその 配管 の 配置状況

　　③　ボイラーの 据付基礎 並びに 燃焼室 及び 煙道 の 構造

（2）　①　ボイラーを輸入 した者

　　②　構造検査又は使用検査を受けた後1年以上設置されなかったボイラーを設置 しようとする者

　　③　使用を廃止したボイラーを再び設置し，又は使用 しようとする者

（問題）3

　ボイラーの明細書及び変更届に関する次の（1），（2）の問に答えよ.　なお，①～⑮に同じ語句などを複数回使用してもよい.

（1）　次はボイラー明細書の法令様式の一部を示したものである．①～⑩の〔　〕内に入る適切な語句を答えよ．

様式第3号甲

（鋼製ボイラー）　　　　　　　　　　　　　　　ボイラー明細書

種　　　類				
〔　①　〕				MPa
〔　②　〕				ton/hr
〔　③　〕				m²
火格子面積				m²

ボイラーの構造	胴	材　料		最大内径	
					mm
		長　さ		板の厚さ	
			mm		mm
	鏡板又は〔　④　〕	材　料	形　状	すみの丸みの内半径	板の厚さ
				mm	mm
	〔　⑤　〕又は火室	材　料	形　状	最大内径	板の厚さ
				mm	mm
	ス　テ　ー	種　類	材　料	径（ガセットステーにあっては，板の厚さ）	胴，鏡板等との〔　⑥　〕
				mm	
				mm	
				mm	
	〔　⑦　〕の種類及び効率	突合せ両側溶接（V形）　　　　効率　1.0			（←記入例）
	マンホール，掃除穴又は検査穴	（省　略）			
	水管又は煙管	種　類	材　料	外　径	厚　さ
				mm	mm
	〔　⑧　〕	材　料	形　式	内径（内法）又は外径	穴がある側の厚さ
				mm	mm
	過　熱　器	（省　略）			
	節　炭　器				
	安全弁，逃がし弁又は〔　⑨　〕	種　類	形　式	呼び径（〔　⑨　〕にあっては，その内径）	個　数
				mm	
				mm	
	〔　⑩　〕	種　類		個　数	ガラス管の内径
					mm
					mm
	自動制御装置があるときはその概要	（省　略）			
	（省　略）				

（2）　次に掲げるボイラーの部分又は設備を変更しようとするときは，ボイラー変更届を所轄労働基準監督署長に提出しなければならないとされている．

⑪～⑮の□□□内に入る，法令上，適切な語句を答えよ．

一　胴，ドーム，⑪□□□，火室，鏡板，天井板，⑫□□□，⑬□□□又はステー

二　⑭□□□設備

三　⑮□□□装置

四　据付基礎

（解　答）

（1）　①　最高使用圧力　②　最大蒸発量　③　伝熱面積　④　管板　⑤　炉筒
　　　⑥　取付方法　⑦　胴の長手継手　⑧　管寄せ　⑨　逃がし管
　　　⑩　水面測定装置

（2）　⑪　炉筒　⑫　管板　⑬　管寄せ　（⑪⑫⑬は順序は問わない．）
　　　⑭　附属　⑮　燃焼

（問題）4

次のAからEまでに掲げるボイラーの取扱いの作業のうち，法令上，一級ボイラー技士を当該作業についてのボイラー取扱作業主任者に選任することができない作業のみの組合せは（1）～（5）のうちどれか．

ただし，D及びEの文中の「安全に停止する機能を有する自動制御装置」とは，ボイラーに圧力，温度，水位又は燃焼の状態に係る異常があった場合に，当該ボイラーを安全に停止させることができる機能を有する自動制御装置であって厚生労働大臣の定めるものをいうものとする．

A　炉筒煙管ボイラー（伝熱面積 20 m²）1 基及び貫流ボイラー（伝熱面積 240 m²）2 基を取り扱う作業

B　水管ボイラー（伝熱面積 240 m²）2 基及び温水ボイラー（伝熱面積 20 m²）1 基を取り扱う作業

C　水管ボイラー（伝熱面積 300 m²）1 基及び廃熱を加熱に利用する貫流ボイラー（伝熱面積 400 m²）1 基を取り扱う作業

D　水管ボイラー（伝熱面積 300 m²）1 基及び安全に停止する機能を有する自動制御装置を備えた水管ボイラー（伝熱面積 200 m²）1 基を取り扱う作業

E　貫流ボイラー（伝熱面積 200 m²）1 基，安全に停止する機能を有する自動制御装置を備えた水管ボイラー（伝熱面積 200 m²）2 基及び安全に停止する機能を有する自動制御

装置を備えた炉筒煙管ボイラー（伝熱面積 100 ㎡）１基の合計４基を取り扱う作業

（１）A，C　　（２）A，E　　（３）B，C　　（４）B，D　　（５）D，E

（解　答）

答　4

（注）１　A，Cについて

貫流ボイラーは管だけでできており，保有水量が少ない．そのため破裂した場合の被害が少ないので，この場合は伝熱面積を 1/10 として計算することになっている．

〔安全規則　第24条（ボイラー取扱主任者の選任）〕

（注）２　D，Eについて

「ボイラーに圧力，温度，水位又は燃焼状態に係る異状があった場合に当該ボイラーを安全に停止させることができる機能，その他の機能を有する自動制御装置であって厚生労働大臣の定めるものを備えたボイラーについては，当該ボイラーの伝熱面積を伝熱面積に算入しないことができること」とされているが，（　）書きで

「当該ボイラーのうち，最大の伝熱面積を有するボイラーを除く」となっている．

Dでは，このようなボイラーは１基のみであるので除外できないが，Eでは伝熱面積が 200 ㎡ のボイラーと 100 ㎡ のボイラーがあるので，伝熱面積 100 ㎡ のボイラーの伝熱面積を算入しないことができる．

（注）３　以上，以下について

以上，以下という場合には，その前の数字を含む．

伝熱面積の合計が 500 ㎡ 以上の場合は，特級ボイラー技士……となっているので，取扱うボイラーの伝熱面積の合計が 500 ㎡ の場合は，特級ボイラー技士が必要となる．

（問題）5

鋼製ボイラーの構造等に係る，次のAからEまでの記述のうち，法令上，誤っているもののみの組合せは（１）～（５）のうちどれか．

A　胴板の厚さは，鏡板（全半球形鏡板を除く．）の最小厚さ以上としなければならない．

B　炉筒又は火室であって，フランジを設けるものの板の厚さは，8 mm 以上としなければならない．

C　ステーによって支えられる板の厚さは，6 mm 以上としなければならない．

D　水管，過熱管等内部に圧力を受ける管の厚さの最小値は，管の外径が 38.1 mm 以下のときは，2.0 mm 以上としなければならない．

E　溶接部の試験板の引張試験は，試験片の引張強さが母材の常温における引張強さの最小値以上である場合に合格となるが，試験片が母材の部分で切れた場合には，その引張強さが母材の常温における引張強さの最小値の95％以上で，かつ，溶接部に欠陥がないときは，合格したものとみなされる．

（1）　A，C　　（2）　A，E　　（3）　B，C　　（4）　B，D　　（5）　D，E

（解　答）

答　1

（注）　1　Aについて

文章が逆であり，鏡板の厚さは胴板の最小厚さ以上としなければならない．とされている．

〔構造規格　第10条（鏡板の最小厚さ）〕

（注）　2　Cについて

ステーによって支えられる板の厚さは，6 mm ではなく 8 mm 以上としなければならない．

〔構造規格　第30条（ステーによって支えられる板の厚さ）〕

（問題）6

次のAからEまでに掲げる検査のうち，法令上，所轄労働基準監督署長が受ける必要がないと認めることがある検査のみを二つ選べ．

A　労働安全衛生法に基づき，労働基準監督署長への機械等の設置の届出の必要がないと所轄労働基準監督署長の認定を受けた事業者が使用しているボイラーの性能検査

B　輸入ボイラーであって国内の業者により改修されたボイラーの変更検査

C　譲渡を受け移設したボイラーの使用検査直後の落成検査

D　休止中良好な状態に維持管理されていたボイラーの使用再開検査

E　指定外国検査機関による検査データが添付されたボイラーの使用検査

（解　答）

答　B，C　（順不同）

令和5年度特級ボイラー技士試験問題と模範解答

燃 焼 社

令和5年度特級ボイラー技士試験問題と模範解答

1. ボイラーの構造に関する知識

（問題）1

　廃棄物焼却炉に付設した廃熱ボイラー（ドラム運転圧力 $P＝3.92$ MPa，飽和温度 $t_s＝214.87$℃，過熱器出口蒸気温度 $t_h＝280$℃）があり，このボイラーは，排ガス高温部では蒸発器，中温部には過熱器（並流式熱交換），低温部は蒸発器及びエコノマイザで構成されている．実際運転では，高温部蒸発器への想定を超える溶融ダストの付着が認められたため熱吸収量（熱交換量）が減り，過熱器入口ガス温度 T_{g1a} の上昇とともに過熱器出口蒸気温度 t_{ha} の上昇をもたらし，更に低温蒸発器出口ガス温度 T_{g3a} も高くなり，蒸発量も当初計画値に対して未達となっている．スートブローの増強も考えられたが，スートブロー実施前後の改善効果も少ない（排ガス温度の変化が小さい）ため，伝熱面積の増減を含めたボイラー改造の検討をすることとした．

　この改造に際し，次ページの（1）～（4）の問に答えよ．

　検討の計算に際しては，表1～表3の記号及びデータ数値によることとし，それぞれ本問で使用された記号を用いた計算式及び計算の過程を示し，答の端数処理はそれぞれの設問の指示に従うこと．なお，排ガス量は計画値同等とし，また，排ガス及び過熱蒸気の比熱の温度依存性はなく一定，各伝熱管の熱貫流率は，管内の過熱蒸気及び飽和蒸気・飽和水混合物支配のためそれぞれで一定値で，増減は全て当初計画値を基準とした次式による汚れ係数 C_d で評価するものとする．

　　$K_a = C_d \times K_p$

　ここで，K_a は実際運転時の熱貫流率，K_p は当初計画の熱貫流率である．

表1　各部温度データ（℃）

各部温度	当初計画	実際運転	改造計画
過熱器入口ガス温度	T_{g1}　510	T_{g1a}　590	T_{g1r}　590
過熱器出口ガス温度	T_{g2}　380	T_{g2a}　445	T_{g2r}　460
過熱器入口蒸気温度	t_s　214.87	t_s　214.87	t_s　214.87
過熱器出口蒸気温度	t_h　280	t_{ha}　300	t_{hr}　280
低温蒸発器入口ガス温度	T_{g2}　380	T_{g2a}　445	T_{g2r}　460
低温蒸発器出口ガス温度	T_{g3}　300	T_{g3a}　360	T_{g3r}　300

表2 ガス側と蒸気（水）側の対数平均温度差（℃）

	当初計画		実際運転		改造計画	
過熱器	Δt_{msp}	180.31	Δt_{msa}	※1	Δt_{msr}	265.74
低温蒸発器	Δt_{mvp}	120.75	Δt_{mva}	184.38	Δt_{mvr}	※2

（注） ※1 （1）の問で求める値 ※2 必要な場合にこの値を求めて使用すること.

表3 自然対数の真数と対数

真数	1.7033	1.9960	2.2735	2.3446	2.5871	2.7033	2.8795
対数	0.5326	0.6911	0.8213	0.8521	0.9505	0.9945	1.0576

（計算に際しては最も近い真数を用いること）

（1） 過熱器について，実際運転でのガス側と蒸気側の対数平均温度差 Δt_{msa} はいくらか．（小数点以下第2位を四捨五入）

（2） 実際運転の過熱器での熱交換では，当初計画値に比べた熱貫流率の増減を示す汚れ係数 C_d（小数）はいくらか．（小数点以下第4位を四捨五入）

（3） 使用材料の耐熱・耐食性の観点から，過熱器の伝熱面積は，この汚れを評価しても低減する（または熱吸収を抑える）必要がある．過熱器の熱吸収量（熱交換量）を当初計画どおり（過熱器出口蒸気温度を 280℃）とするために，改造計画の過熱器の伝熱面積 A_{sr} は如何にすべきか．当初計画の過熱器の伝熱面積 A_{sp} に対しての比率 $\dfrac{A_{sr}}{A_{sp}}$（小数，または％）で示せ．（小数点以下第4位を四捨五入，％表示では小数点以下第2位を四捨五入）

（4） 上記（3）により過熱器伝熱面積の増減調整後，過熱器出口ガス温度 T_{g2r} は，熱吸収量（熱交換量）が当初計画値どおりと予想されるため，460℃と想定できる．低温蒸発器の汚れは当初計画値どおり（$C_d=1.0$）と仮定した場合，当初計画どおりの蒸発量を得るために改造計画の低温蒸発器の伝熱面積 A_{vr} は如何にすべきか．その増減について当初計画の低温蒸発器の伝熱面積 A_{vp} に対しての比率 $\dfrac{A_{vr}}{A_{vp}}$（小数，または％）で示せ．（小数点以下第4位を四捨五入，％表示では小数点以下第2位を四捨五入）

（解 答）

（1）

$$\Delta t_{msa} = \frac{(T_{g1a}-t_s)-(T_{g2a}-t_{ha})}{l_n \dfrac{T_{g1a}-t_s}{T_{g2a}-t_{ha}}} = \frac{(590-214.87)-(445-300)}{l_n \dfrac{590-214.87}{445-300}} = \frac{230.13}{l_n \, 2.5871}$$

$$= 242.11$$

答 242.1 ℃

（2）　排ガス量，比熱，熱貫流率，伝熱面積を当初計画値と同一とすれば，当初計画と実際運転時の熱吸収量（熱交換量）の比率は，汚れ係数 C_d を介して次式が成り立つ.

$$\frac{T_{g1a}-T_{g2a}}{T_{g1}-T_{g2}}=C_d\times\frac{\varDelta t_{msa}}{\varDelta t_{msp}}$$

従って

$$C_d=\frac{\varDelta t_{msp}}{\varDelta t_{msa}}\times\frac{T_{g1a}-T_{g2a}}{T_{g1}-T_{g2}}$$

$$=\frac{180.31}{214.11}\times\frac{590-445}{510-380}$$

$$=0.8306 \qquad\qquad 答\quad 0.831$$

（3）　過熱器の当初計画時の伝熱面積を A_{sp}，運転結果を反映した改造計画の伝熱面積を A_{sr} とすれば，当初計画通りの熱吸収量（熱交換量）であれば，当初計画時の熱貫流率を K_p として次式が成り立つ.

$$K_p\cdot A_{sp}\cdot\Delta t_{msp}=C_d\cdot K_p\cdot A_{sr}\cdot\Delta t_{msr}$$

従って

$$\frac{A_{sr}}{A_{sp}}=\frac{\Delta t_{msp}}{C_d\times\Delta t_{msr}}$$

$$=\frac{180.31}{0.8306\times265.74}$$

$$=0.8169 \qquad\qquad 答\quad 0.817\,(81.7\%)$$

（4）　低温蒸発器の改造計画の $\varDelta t_{mvr}$ は

$$\varDelta t_{mvr}=\frac{(T_{g2r}-t_s)-(T_{g3r}-t_s)}{l_n\dfrac{T_{g2r}-t_s}{T_{g3r}-t_s}}$$

$$=\frac{(460-214.87)-(300-214.87)}{l_n\dfrac{460-214.87}{300-214.87}}$$

$$=\frac{160}{l_n 2.8795}$$

$$\fallingdotseq151.28 \qquad\qquad 答\quad 151.28\,℃$$

上記（2）に記す関係式に当初計画の伝熱面積 A_{vp} と改造計画の伝熱面積 A_{vr} の関係を含めると

$$\frac{T_{g2r}-T_{g3r}}{T_{g2}-T_{g3}}=C_d\times\frac{A_{vr}\cdot\varDelta t_{mvr}}{A_{vp}\cdot\varDelta t_{mvp}}$$

が成り立つ.

従って，汚れ係数 C_d を当初計画通り（$C_d = 1.0$）とすれば，

$$\frac{A_{vr}}{A_{vp}} = \frac{\Delta t_{mvp}}{\Delta t_{mvr}} \times \frac{T_{g2r} - T_{g3r}}{T_{g2} - T_{g3}}$$

$$= \frac{120.75}{151.28} \times \frac{460 - 300}{380 - 300}$$

$$= 1.5963 \qquad\qquad 答 \quad 1.596 \ (159.6\%)$$

（問題）2

ボイラーの性能を表す次の（1）～（4）について，その性能値を算出する計算式をそれぞれ記せ．但し，計算式には次の記号を用いること．

なお，必要な場合は，計算式に下記以外の所定の係数（定数）を使用すること．また，気体の体積は標準状態（0℃，101.325kPa）に換算した値とする．

H_l：燃料の低発熱量（kJ/kg（または m^3））

Q：燃料の顕熱，空気の顕熱など燃料の低発熱量以外の入熱の合計（kJ/kg（または m^3））

W：燃料1kg（または m^3）当たりの蒸気発生量（kg/kg（または m^3））

h_1：給水の比エンタルピ（kJ/kg）

h_2：発生蒸気の比エンタルピ（kJ/kg）

L_l：燃料の燃焼によって生じる排ガス熱，（設備の）放散熱，未燃分などによる熱損失の合計（kJ/kg（または m^3））

E_s：毎時蒸発量（kg/h）

F：毎時燃料消費量（kg（または m^3）/h）

h_x：ボイラー本体出口における飽和蒸気の比エンタルピ（kJ/kg）

h_e：ボイラー本体入口における給水の比エンタルピ（kJ/kg）

S_b：ボイラー伝熱面積（m^2）

（1）　入出熱法によるボイラー効率 η_1（%）

（2）　熱損失法によるボイラー効率 η_2（%）

（3）　毎時換算蒸発量 E_e（kg/h）

（4）　ボイラー伝熱面熱負荷 H_b（kJ/(m^2·h)）

（解　答）

（1）　$\eta_1 = \dfrac{W(h_2 - h_1)}{H_l + Q} \times 100$（%）

（2）　$\eta_2 = \left(1 - \dfrac{L_l}{H_l + Q}\right) \times 100\,(\%)$

（3）　$E_e = \dfrac{E_s(h_2 - h_1)}{2257}\quad(\mathrm{kg/h})$

（4）　$H_b = \dfrac{E_s(h_x - h_e)}{S_b}\quad(\mathrm{kJ/(m^2 \cdot h)})$

（問題）3

次の文中の　　　　内に入る適切な語句，数値などを答えよ.

（1）　ボイラー材料には炭素鋼や合金鋼が用いられる. 炭素鋼の性質は, 主として炭素量で左右され, 炭素量が多くなると, 一般的に硬度, 強度は ① し伸びは ② するが, 溶接部は焼入れされて ③ し, 割れが発生しやすいため, ボイラーの溶接を行う部分の材料は炭素量を ④ ％以下とすることが定められている. また低炭素鋼が高温環境に長時間さらされると, はじめはFe_3Cとして存在していた炭素が黒鉛粒子を形成して ⑤ するなどの材質変化をおこすことも多く, 応力の存在によって促進され, 温度の影響も著しい. これらの炭素鋼の諸性質を改良し, 耐食性などの特殊な性質を与えるために, 各種合金元素を適当量添加したものを合金鋼といい, 合金元素量の大小により低合金鋼と高合金鋼に分けられる. 低合金鋼で, 合金元素モリブデンは ⑥ を増すうえで有効であり, 合金元素クロムは耐酸化性で ⑥ を改善し, ⑦ を要求される合金鋼ではほとんど必ず添加される. また, ニッケルは強度とともに ⑧ を増す特徴があり, その他マンガン, けい素, バナジウムなども少量添加することもあるが, 一般的に焼きが入りやすいので ⑨ が悪く, 予熱, 焼鈍に注意する必要がある. 合金元素の量を多くした高合金鋼では, 金属組織も変わり, 特殊な性質をもっているので, 用途によって最適な鋼種を選定する必要がある.

（2）　自然循環式の水管ボイラーでは, 蒸気ドラムから取り出される飽和蒸気は多少の水滴を伴うが, ⑩ , 水面の広さ及び水面の高さによって蒸気の ⑪ に影響する. 水面を通って上昇する蒸気はかなりの水滴を含むが, 蒸気とともに蒸気ドラムから出る水滴の量は, ⑩ 当たりの蒸発量の限界値までは極めて少なく, この限界値を超えると急に著しく増大する. この現象を ⑫ というが, 実際のボイラーでは水処理などによって ⑬ などを含むため, ボイラー水中に溶解又は懸濁していることで泡立ちが生じやすく, これら溶解又は懸濁している物質及び水分が水蒸気とともに運び出されるいわゆるキャリーオーバー現象などを引き起こし, この限界値は著しく減少する. 気水分離するには, 蒸気と水との ⑭ が大きいほど容易であるが, 高圧になるほど

⑭ が小さくなるため分離しにくくなり，またドラムの構造上 ⑩ にも限界があるため， ⑮ や波形板などのドライヤを備えることが多い．

（解　答）

（1）　① 上昇　　② 減少　　③ 硬化　　④ 0.35　　⑤ 脆化
　　　　⑥ クリープ強度　　⑦ 耐熱性　　⑧ 延性　　⑨ 溶接性
（2）　⑩ 蒸気部の容積　　⑪ 乾き度　　⑫ 気水共発　　⑬ アルカリ分
　　　　⑭ 密度の差　　⑮ サイクロン分離器

（問題）4

ボイラーの材料，構造などに関する次のAからEまでの記述のうち，誤っているもののみの組合せは（1）〜（5）のうちどれか．

A　ドラムと多数の水管で構成される水管ボイラーにおいて，ドラムの長手方向に一直線に管穴が配置される管穴部の長手効率に対し，ドラムの周方向に管穴が配置される管穴部の周効率は，長手効率の1/2以下になるよう周方向の管穴ピッチを定める．

B　中底面に圧力を受ける皿形鏡板において，内部の圧力によって生じる応力は，すみの丸みの部分において最も大きい．この応力は子午線方向と緯線方向に生じるものとがあるが，前者の方が大きい．また，すみの丸みの半径が小さいほど応力は大きくなる．

C　鉄鋼材料が，繰返し荷重により繰返し応力が生じ，引張強さよりも低い応力で破壊することを材料の疲れといい，繰返し応力がある値以下では破断しない．この限界の応力を材料の疲れ限度という．一般的な鉄鋼材料の疲れ限度は，引張強さの0.4〜0.6程度である．

D　材料の降伏点は炭素鋼では明らかであるが，合金鋼や非鉄金属では明らかではない．後者の場合は，通常，0.2%の永久ひずみを生じる応力をもって降伏応力とみなし，これを耐力という．

E　ボイラーの部分に温度差があると高温部は低温部より伸びようとするが，この伸びが拘束されるとそこに応力が生じ，この応力を熱応力という．この値は，炭素鋼では温度差4℃につき約 1.0 N/mm² 程度である．

（1）A，C　　（2）A，E　　（3）B，C　　（4）B，D　　（5）D，E

（解　答）

答　2

（問題）5

ボイラーの附属設備，附属装置，附属品に関する次のAからEまでの記述のうち，誤っているもののみの組合せは（1）〜（5）のうちどれか．

A　エコノマイザや空気予熱器を設置することによって，排ガス温度を下げることで排ガス熱を回収し，ボイラー効率を改善させることができる．排ガス温度を10℃下げるごとにボイラー効率を約1％高めることができるが，エコノマイザを設置する場合には，使用材料によって，燃料・燃焼排ガス性状や給水温度との関係でエコノマイザ単独で改善できる効率には限界がある．

B　過熱器の蒸気温度特性は，放射形過熱器ではボイラーの負荷が増大すると過熱温度が下降する傾向になるが，対流形過熱器では逆の特性になる．これを適当に組み合わせれば，負荷の変化に対し影響の少ない過熱器特性が得られる．

C　低温ガスもしくは低温空気，またはそれらの両方と接触する空気予熱器の低温部は，硫酸腐食や水蒸気露点の低 pH 凝縮水による腐食が懸念されるため，他の熱源を用いてでもあらかじめ空気を予熱する蒸気式空気予熱器などを設置することは腐食を防止するために有効である．

D　蒸気ボイラーの胴に取り付けられた安全弁の吹出し圧力は，少なくとも1個はボイラーの最高使用圧力以下とするが，そのほかに安全弁がある場合は，ボイラーの最高使用圧力の3％増以下に調整することができる．過熱器に取り付けられた安全弁は，ボイラーの胴の安全弁より低い圧力で吹出すよう調整する必要がある．

E　安全弁の入口側の圧力が増加して出口側で流体の微量な流出が検知されるときの入口側の圧力を吹き始め圧力といい，安全弁がポッピングするときの入口側の圧力を吹出し圧力という．また，入口側の圧力が減少して弁体が弁座と再接触するとき（リフトが 0 ^{ゼロ}になったとき）の入口側の圧力を吹下り圧力という．

（1）A，C　　（2）A，E　　（3）B，C　　（4）B，D　　（5）D，E

（解　答）

答　2

（問題）6

ボイラーの自動制御に関する次のAからEまでの記述のうち，誤っているもののみを二つ選べ．

A　ボイラー制御において，制御量が操作量の変化にどう追従するか動特性を考える必要があるが，入力が変化してから出力の変化が認められるまでの時間 L をむだ時間，初期

の変化速度がそのまま持続すると仮定した場合に最終平衡値に達するまでの時間 T を時定数としたとき，制御の安定度は時定数 T とむだ時間 L の比 T/L の値が小さい場合は制御が容易であり，逆にこの値が大きい場合は制御が難しい．

B　ボイラーへの燃料供給量を操作したときの蒸気圧力の応答は，燃焼遅れや伝熱遅れの影響によって決まる炉内時定数 T_r や，ボイラー内の水の蓄熱量によって決まるボイラー時定数 T_b に左右される．この比である T_b/T_r は，使用燃料を含めたボイラー系全体の時定数 T とむだ時間 L の比 T/L に相当する．

C　ボイラーの圧力制御方式において，比率制御方式は，蒸気圧力を検出してそれによって燃料量と空気量を同時に調節する方式であり，並列制御方式は，蒸気圧力のほかに燃料量と空気量を検出して，それによって空燃比が適正な値となるよう燃料量と空気量を調節する方式である．

D　自然循環水管式ボイラーにおけるドラム水位の逆応答は，ドラム内で気水分離がよく行われている構造のものではその現象の程度が少なくなり，高圧ボイラーに比べボイラー水中の蒸気の体積率の大きい低圧ボイラーほど逆応答の傾向は著しくなる．

E　過熱器蒸気温度の制御における操作量としては，注水式過熱低減器における注水量，過熱器を通過する燃焼ガスの一部をバイパスさせるときのバイパスガス量，ボイラー後部の低温ガスを火炉に再循環させるときの再循環ガス量，火炉の吸収熱を変えるときのバーナ噴射角度などがある．

（解　答）

答　A，C　（順不同）

2. ボイラーの取扱いに関する知識

（問題）1

　給水に軟化水を使用するボイラーにおいて，溶存酸素を亜硫酸ナトリウム（Na_2SO_3）で除去しようとしている．給水中の全蒸発残留物濃度 A は 120 mg/L，給水中の溶存酸素濃度 D_o は 6 mg/L とし，ボイラー水の溶存酸素濃度は 0 mg/L とする．

　また，ボイラー水の亜硫酸イオン（SO_3^{2-}）濃度 S_o を 15 mg/L に保持すべく，給水量に対するブロー率 b を10%にて連続ブローを行う．

　この条件で給水量 1 トンに対し，下記の問に答えよ．

　答は，いずれも，計算式及び計算の過程を示し，計算結果は小数点以下第 2 位を切り上げよ．計算式は本問で用いられている記号，及び，物質の分子量（式量）については当該物質の化学式を用いて表すこと．

　なお，亜硫酸ナトリウムと酸素の反応式は次のとおりとする．

$$Na_2SO_3 + \frac{1}{2}O_2 \rightarrow Na_2SO_4$$

　また，各元素の原子量は下表のとおりとする．

元素	O	Na	S
原子量	16	23	32

（1）　給水の脱酸素に必要な亜硫酸ナトリウムの量 C［g］はいくらか．

（2）　亜硫酸ナトリウムによる給水の脱酸素で全蒸発残留物の増加量 C_s［g］はいくらか．

（3）　給水量に対するブロー率10%にてボイラー水の亜硫酸イオン濃度 S_o＝15 mg/L 保持に必要な亜硫酸ナトリウムの量 E［g］を求めよ．

（4）　給水量に対するブロー率10%にて亜硫酸ナトリウム注入後の給水の全蒸発残留物の量 S［g］を求めよ．

（5）　この条件で，ボイラー水の全蒸発残留物濃度 B［mg/L］を求め，B を 2000 mg/L 以下に保持できるかどうか答えよ．

（解　答）

（濃度の単位 mg/L は，g/t と同じ濃度であるから，以下の各式において D_o，S_o，A の単位は，いずれも g/t とする．また，C，C_s，E，S はいずれも 1 t あたりの量（g）である．）

（1） 給水中の溶存酸素を亜硫酸ナトリウムで除去する場合の注入量 C

$$C = \frac{Na_2SO_3}{\frac{1}{2}O_2} \times D_o$$

$$= \frac{126}{16} \times 6$$

$$= 47.25 \qquad\qquad 答\quad 47.3\,g$$

（2） 亜硫酸ナトリウムによる全蒸発残留物の増加量 C_s

$$C_s = \frac{Na_2SO_3}{\frac{1}{2}O_2} \times D_o + D_o$$

$$= \frac{126}{16} \times 6 + 6$$

$$= 53.25 \qquad\qquad 答\quad 53.3\,g$$

（3） 亜硫酸イオン濃度 $S_o = 15\,mg/L$ に保持する亜硫酸ナトリウム注入量 E

$$E = \frac{Na_2SO_3}{SO_3^{2-}} \times S_o \times \frac{b}{100}$$

$$= \frac{126}{80} \times 15 \times \frac{10}{100}$$

$$= 2.36 \qquad\qquad 答\quad 2.4\,g$$

（4） 亜硫酸ナトリウム注入後の全蒸発残留物の量 S

$$S = A + C_s + E$$

$$= 120 + 53.3 + 2.4$$

$$= 175.7 \qquad\qquad 答\quad 175.7\,g$$

（5） ブロー率10%でボイラー水の全蒸発残留物濃度 B を $2000\,mg/L$ 以下に保持できるか.
給水の全蒸発残留物濃度を $S_a\,[mg/L]$ とすると, $S_a = S$

$$ブロー率\quad b = \frac{S}{B} \times 100$$

$$B = \frac{S}{b} \times 100$$

$$= \frac{175.7}{\frac{10}{100}}$$

$$= 1757 \qquad\qquad 答\quad 1757\,mg/L$$

従って, $B = 2000\,mg/L$ 以下なので保持できる.

（問題）2

（1）　水管式ボイラーでのスートファイヤーの現象と防止対策に関する次の記述の　　　　　内に入る最も適切な語句を下表の語群の中から選び，その記号を記入せよ．

　　a　スートファイヤーとは，煙道などにたい積した　①　などの　②　が燃焼して，　③　の加熱部，　④　，　⑤　，　⑥　等を過熱焼損させる現象をいう．特に　③　が鋼塊と化すほどの激しい場合がある．スートファイヤーはボイラー停止後2〜3時間までに発生する例が多いが，運転中に突然発生することもある．

　　b　防止対策としては，ボイラー，煙道，　③　などには　①　などの　②　をできる限りたい積させないようにする．また，再燃焼に要する　⑦　の漏入を防ぐこと．

　　c　更に，　③　の整備を十分に行い，空気の　⑧　側への　⑨　防止につとめること．

　　d　大型ボイラーでは，燃焼を停止した際に急速な　⑩　は行わず，徐々に　⑪　することが望ましい．

語群

あ：誘引ファン	い：押込ファン	う：空気予熱器	え：エコノマイザ
お：過熱器	か：煙突	き：鋼板製煙道	く：灰分　　け：可燃物　　こ：未燃物
さ：ケーシング	し：加熱	す：冷却	せ：空気　　そ：ダンパー　　た：換気
ち：送風	つ：すす	て：未燃ガス	と：燃焼ガス　　な：短絡　　に：二次空気

（2）　蒸気配管におけるウォータハンマの現象と防止対策に関する次の記述の　　　　　内に入る適切な語句を答えよ．

　　a　ウォータハンマは蒸気管内の水に接する蒸気が急激に　①　され　②　状態になり，管壁に衝撃を与える．

　　b　ドレンのたまり易い位置に弁を設けるときは，ドレン抜き配管を設け，　③　前に必ずドレン抜きを行う．

　　c　大型弁を設ける場合，　④　配管をしてドレン抜きを行った後，　⑤　操作を行う．

　　d　蒸気配管は，通常　⑥　こう配をとり，適当な位置にドレン抜き配管を設ける．

　　e　弁の開閉操作は，努めて　⑦　に行う．

（解　答）
（1）　①　つ　　②　け　　③　う
　　　④　さ　　⑤　き　　⑥　あ（④⑤⑥の順序は問わない．）
　　　⑦　せ　　⑧　と　　⑨　な　　⑩　た　　⑪　す
（2）　①　冷却　　②　真空　　③　送気開始　　④　バイパス　　⑤　暖管
　　　⑥　下り　　⑦　徐々

（問題）3
エコノマイザの取扱いに関する次の記述の　　　　内に入る適切な語句を答えよ．
（1）　エコノマイザに安全弁または逃し弁が設置される場合には，吹出し圧力を胴の安全弁より　①　調整しておかなければならない．
（2）　エコノマイザの給水側に沈殿物や　②　物が生じると，　③　抵抗が大きくなり，　④　率も低下する．この傾向は，エコノマイザ出入口の圧力計及び温度計の指示値で推測することができる．
（3）　エコノマイザの内面腐食は，給水に溶解した　⑤　によることが多いので，給水は　⑥　することが必要である．
（4）　エコノマイザの低温腐食は，エコノマイザの伝熱面温度が排ガスの　⑦　温度より低くなり，　⑧　が結露することによって生じる．
　　　その対策として，　⑨　の燃料を使用することや　⑩　燃焼を心がけること，また，エコノマイザの入口給水温度を高めて　⑪　温度を高めることが必要である．
（5）　エコノマイザの前に蒸発管群がある場合は，燃焼ガスを通し始めてエコノマイザ内の水の温度が上昇して　⑫　が発生しても，そのままボイラーへ　⑬　する．
（6）　放射形ボイラーでは蒸発管群がなく，エコノマイザ入口ガス温度が高いため，燃焼ガスを通し始める前に，　⑭　をエコノマイザ入口に供給してエコノマイザ内を　⑮　させる．

（解　答）
（1）　①　高く
（2）　②　付着　　③　流動　　④　熱貫流
（3）　⑤　酸素　　⑥　脱気
（4）　⑦　露点　　⑧　硫酸ガス　　⑨　低硫黄　　⑩　低酸素　　⑪　伝熱面
（5）　⑫　蒸気　　⑬　通水
（6）　⑭　ボイラー水の一部　　⑮　循環

（問題）4

ボイラーの停止または休止時の保存方法として採用される満水保存法のうち，短期満水保存法に関する次のAからDまでの記述のうち，正しいもののみをすべて挙げた組合せは（1）〜（5）のうちどれか．

  A ボイラー停止の数時間前にボイラー水の分析を行い，pH，りん酸イオン，ヒドラジン，亜硫酸イオン等を制限値の範囲以内で上限近くに保持する．

  B ボイラーを停止し，圧力が 0.2〜0.3 MPa まで低下したら，マッド，スラッジなどの沈殿物を排出するため，底部よりブローを行う．次いで薬液注入を併用しながら給水を行い満水にする．

  C ガス側伝熱面に結露が生じた場合，結露がなくなるまで温風や電熱器で加熱する．

  D 排水できない過熱器がある場合は，軟化水により満水にし，亜硫酸ナトリウムの注入を行う．

（1）A，B   （2）A，B，C   （3）A，D   （4）B，C，D   （5）C，D

（解　答）

答　2

（問題）5

ボイラーの運転中の留意事項に関する次のAからEまでの記述のうち，誤っているもののみの組合せは（1）〜（5）のうちどれか．

  A 燃焼ガス温度が負荷変動による通常の温度の変動範囲より異常に低い場合，ボイラー各部から気水が漏れているおそれがあるので炉内その他のボイラー内各部を調査，点検する．

  B ボイラーの負荷が上昇したときは，所定の蒸気圧力を維持するため，燃料供給量を先に増やしてから空気量を増やす．

  C 通風損失が突発的に変動する場合はれんが積みバッフルなどの崩落による燃焼ガス通路の閉そくや燃焼ガスのショートパスが考えられる．

  D ボイラーの負荷が急激に増加すると，ボイラー圧力が下がりドラム水位も一時的に下がる．

  E 複数のバーナを備えたボイラーで，負荷が下がりバーナの最低燃焼量を下回るおそれがある時は，運転しているバーナの数量を減じる．

（1）A，C   （2）A，E   （3）B，C   （4）B，D   （5）D，E

（解　答）

答　4

（問題）6

ボイラーの水管理に関する次のAからEまでの記述のうち，誤っているものを二つ選べ．

A　溶解性蒸発残留物の濃度と電気伝導率は正比例するので，電気伝導率から溶解性蒸発残留物の正確な濃度がわかる．

B　高圧ボイラーでのアルカリ処理は，ボイラー水のpHが高くなり，防食に役立っている保護被膜（四酸化三鉄（Fe_3O_4））を溶解させるおそれがある．

C　固体も気体も水の温度が高くなると溶解度が増す．

D　給水中の溶存酸素は，金属材料を腐食させる主な不純物である．一方，鋼表面に薄い，ち密な難溶性の酸化鉄（ヘマタイトなど）の被膜を保持する目的で，高純度な給水中に微量の酸素を溶存させる酸素処理がある．

E　亜硫酸塩系脱酸素剤は，約280℃以上で熱分解し，硫酸ナトリウム（Na_2SO_4）や二酸化硫黄（SO_2）を発生し，復水pHの低下や腐食の因子となる．このため蒸気圧力5.0 MPa以上のボイラーでの使用は避けるべきである．

（解　答）

答　A，C　（順不同）

3. 燃料及び燃焼に関する知識

（問題）1

メタン（CH_4）（体積含有割合 $ch_4 = 1$（100%））を完全燃焼させた場合，次の問に答えよ．
ただし，燃焼用空気は体積比で O_2 が21%，N_2 が79%で，気体の体積は標準状態（0℃，101.325 kPa）に換算した値とする．

（1） このメタンの燃焼反応式を示せ．

（2） このメタンを空気比 $m = 1.1$ で燃焼させる場合，①～⑤の値を求めよ．

答は，本問で使用している記号を用いた計算式及び計算の過程を示し，結果は，①～④は小数点以下第3位を四捨五入し，⑤は小数点以下第2位を四捨五入せよ．

① 理論空気量 A_o〔m^3/m^3（燃料）〕

② 理論乾き燃焼ガス量 V_{do}〔m^3/m^3（燃料）〕

③ 実際の乾き燃焼ガス量 V_d〔m^3/m^3（燃料）〕

④ 実際の湿り燃焼ガス量 V_w〔m^3/m^3（燃料）〕

⑤ 実際の乾き燃焼ガス中の酸素の体積割合〔%〕

（解　答）

（1） 燃焼反応式

$$CH_4 + 2\,O_2 = CO_2 + 2\,H_2O$$

（2） 体積含有割合 $ch_4 = 1$

空気比 $m = 1.1$

① $A_0 = \dfrac{1}{0.21}(2 \times ch_4)$

$= \dfrac{1}{0.21}(2 \times 1)$

$= 9.523 ≒ 9.52$〔m^3/m^3（燃料）〕　　　答　9.52 m^3/m^3（燃料）

② $V_{do} = CO_2 量 + 0.79\,A_o$

$= 1 \times ch_4 + 0.79 \times 9.523$

$= 8.523 ≒ 8.52$〔m^3/m^3（燃料）〕　　　答　8.52 m^3/m^3（燃料）

③　$V_d = V_{do} + (m-1)A_o$

　　$= 8.523 + (1.1-1) \times 9.523$

　　$= 9.475 \fallingdotseq 9.48$〔m³/m³（燃料）〕　　　　　答　9.48 m³/m³（燃料）

④　燃料1m³から発生する水蒸気の量をW_sとすると，燃焼反応式より$W_s = 2 \times ch_4 = 2$

　　$V_w = V_d + W_s$

　　$= 9.475 + 2$

　　$= 11.475 \fallingdotseq 11.48$〔m³/m³（燃料）〕　　　　答　11.48 m³/m³（燃料）

⑤　酸素の体積割合 $= \dfrac{(m-1)\,A_o}{V_d} \times 0.21 \times 100$

　　　　　　　　　　$= \dfrac{(1.1-1) \times 9.523}{9.475} \times 0.21 \times 100$

　　　　　　　　　　$= 2.11 \fallingdotseq 2.1\%$　　　　　答　2.1%

（問題）2

　次の図は，燃料油供給装置の構成を示す図である．系統中の①～⑤の設備又は機器の名称と主な機能を説明せよ．

　なお，①の機能については，主な機能を含め2項目説明すること．

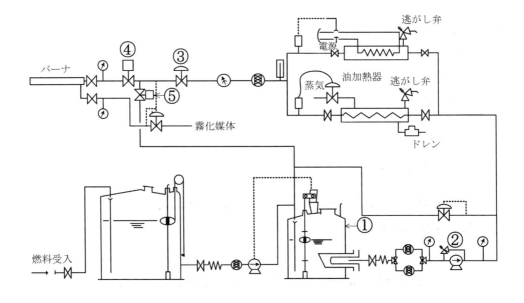

（解　答）

番号	設備又は機器の名称	機　　能
①	サービスタンク	燃焼設備に供給する燃料油を定格油量の2時間分程度ためておく.
		タンク出口の油加熱器で燃料油を加熱する.
②	噴燃ポンプ	燃料油をバーナから噴射するのに必要な圧力まで昇圧して供給する.
③	油量調節弁	バーナへ供給する燃料油量を負荷に応じて調節する.
④	油遮断弁	運転停止や緊急遮断の際にバーナへの燃料油の供給を遮断する.
⑤	戻り系統切替え弁	ボイラー起動時の重油のウォームアップ時や，油遮断弁が閉じてボイラーの運転が停止されたとき，弁を開いて油タンクへ戻す.

（問題）3

ばいじんの抑制対策と除去に関する次の記述について，文中の　　　　内に入る適切な語句を答えよ.

なお，同じ語句を複数回使用してもよい.

ばいじん抑制の基本的な考えは，液体燃料の場合，燃料の　①　と空気との　②　を良くし，燃焼のための　③　を十分に取ることが重要である. また，燃料油中に水を混入してエマルジョン（油中水滴形）として燃焼させると，燃焼の際に油滴中の水が急激に　④　し，油滴がはじけて更に小さくなり，　①　を促進することでばいじんが低減する.

ばいじんを除去する装置として，比較的簡易な装置では，重力集じん装置，　⑤　集じん装置，遠心力集じん装置がある. 重力式集じん装置は，粒子を自然沈降によって分離するもので，沈降室内のガス流速はできる限り　⑥　する. 　⑤　集じん装置は，気流の急激な方向転換によるもので，適当なダストボックスの形状と大きさが必要である. 遠心力集じん装置は含じんガスに旋回力を与え，粒子に作用する遠心力で粒子をガスから分離捕集する装置で，一般的にはサイクロン集じん装置と呼ばれている. ガスの流れから，　⑦　式と軸流式がある. 集じん効率はサイクロン径が　⑧　，　⑨　が大きいほど良くなる. 処理ガス量が多い場合には，多数並べた　⑩　と呼ばれる装置が利用される.

大形の集じん装置では，　⑪　集じん装置，ろ過集じん装置，電気集じん装置がある. ベンチュリスクラバなどの水による　⑪　集じん装置では有害ガスも除去できるが，　⑫　の費用が高くなる. ろ過集じん装置はバグフィルタとも呼ばれ，一般的にろ布の材質により耐用温度が定まり，木綿で80℃，化学繊維で100～150℃，　⑬　で250℃が上限である.

電気集じん装置は高圧の直流電源によってコロナ放電を起こさせ，ガス流れ中の粒子に電荷を与え，これを ⑭ 力によって集じん極に捕集するもので，集じん効率は極めて高く，⑮ も少ないので，大形ボイラーに使用される.

（解　答）

① 微粒化　　② 混合　　③ 時間　　④ 沸騰　　⑤ 慣性力　　⑥ 小さく

⑦ 接線流入　　⑧ 小さく　　⑨ 流入ガス速度　　⑩ マルチサイクロン

⑪ 洗浄　　⑫ 排水処理　　⑬ ガラス繊維　　⑭ クーロン　　⑮ 圧力損失

（問題）4

硫黄酸化物抑制対策等に関する次のAからEまでの記述のうち，誤っているもののみの組合せは（1）～（5）のうちどれか.

A　高煙突化により，ボイラー排ガス中の硫黄酸化物は拡散され，着地濃度は薄められ，SO_x の許容排出量は大となるが，現在では，総量規制が行われている.

B　産業用ボイラーでは，設備が簡易で建設費の低い，マグネシウム法，ソーダ法が多く用いられる. ソーダ法では，水酸化ナトリウム（苛性ソーダ）が炭酸カルシウム（石灰石）や水酸化マグネシウム（水マグ）より安価なため，ランニングコストが低くなる.

C　脱硫方式には，石灰スラリを排ガスに直接噴射し，硫黄酸化物を吸収した固形分を下流の集じん装置で捕集する方法がある.

D　燃料が燃焼すると，その中の硫黄分は SO_2 となるが，これは燃焼技術によって低減することが可能である.

E　燃焼ガス中の SO_x が煙突から排出されると，大気中の水蒸気と結合し，硫酸を生成して「酸性雨」となり，地球環境を破壊する.

（1）A，C　　（2）A，D　　（3）B，D　　（4）B，E　　（5）C，E

（解　答）

答　3

（問題）5

燃料の燃焼形態に関する次のAからEまでの記述のうち，誤っているもののみの組合せは（1）～（5）のうちどれか.

A　予混合火炎は拡散火炎に比べて不安定で，ガス流速をある範囲より大きくすると，火炎はバーナロより離れ，更に大きくすると吹消える. 反対に流速をある範囲より小さく

すると，火炎はバーナの中に逆火する.

B　液体燃料は，通常，バーナによって微粒化され，空気流に乗せられて炉内に運ばれ，粒子群全体として大きな予混合火炎となって燃焼する.

C　気体燃料は不輝炎のため，燃焼室での火炎からの熱放射は少ないが，燃焼ガス中の水蒸気分が多いので，ガス高温部の伝熱管群内での不輝炎放射は大きい.

D　都市ゴミ，RDF，RPFなどを燃料として用いられる流動層燃焼では，層全体が流動して，燃料，媒体，空気などの成分が均一となり，比較的低温燃焼が可能となるので，窒素酸化物の抑制にも効果が大きい.

E　微粉炭は，可燃成分のほか灰分と称される不燃成分を含み，この灰分があることで可燃成分への酸素の供給を促し，拡散燃焼を促進する役割を果たす.

（1）　A，C　　（2）　A，D　　（3）　B，D　　（4）　B，E　　（5）　C，E

（解　答）

答　4

（問題）6

燃焼室等に関する次のAからEまでの記述のうち，誤っているもののみを二つ選べ.

A　燃焼室の機能は，燃料の安定した着火と燃焼を完結させることにある. バーナ燃焼では，燃焼室内空間で燃料と空気が混合し，着火して燃焼を完結させるため，これに必要な時間，火炎は燃焼室に滞留する必要がある.

B　燃焼室の寸法決定に当たっては，一般に，燃焼室内で燃焼が完了すること，燃焼室出口におけるガス温度を適当に選ぶことによって，燃焼室の水循環を確保すること，の2点が重要であり，燃焼室出口のガス温度は，主として燃焼室の単位体積あたりの熱負荷によって決まる.

C　バーナと燃焼室の関係では，例えば，油バーナの場合，噴霧機構により火炎形状も大きく異なり，狭角バーナでは奥行きの長い燃焼室形状が要求され，広角バーナでは，燃焼室の幅が狭い場合には，油滴が未燃焼のまま壁面に衝突する可能性が大きくなって，幅の大きな燃焼室が要求される.

D　燃焼室熱負荷は，容量の大きなボイラーの方が小さな値となるのが一般的な傾向であるが，NO_x低減対策のために燃焼室熱負荷を大幅に下げる場合もあって，実際の値は広い幅を持っている. 燃焼室熱負荷の概略値は，20 t/h 前後の油焚きボイラーで500～1800 kW/m³ 程度である.

E　ボイラー入熱に対するボイラー周壁からの放射熱損失の割合は，容量の小さいボイ

ラーほど，また，負荷率が小さくなるほど小さくなる．

（解　答）

答　B，E　（順不同）

4. 関 係 法 令

(問題) 1

　鋼製ボイラーにおいて，内面に圧力を受ける内径1500 mmの胴の長手方向の一直線上に，下図に示すように，直径120 mmの3つの管穴を不規則に配置するものとする．この胴の最小厚さの計算には，適切な当該管穴の列の効率を定めることが必要となる．そこで，下図の管穴列の効率として，両端の管穴の中心間の距離920 mmと，そのうち管穴がない部分の長さの合計値680 mmとの比から求めた0.73を用いることとしたいが，この効率を用いるには，次の条件A及び条件Bの2つを満足しなければならない．

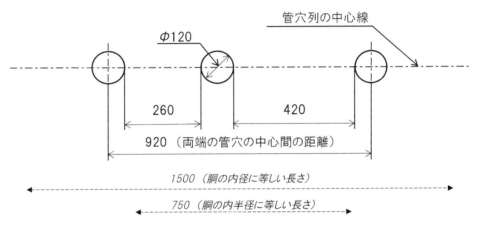

　条件A：管穴列の中心線（上図の一点鎖線．以下本問において同じ．）上の任意の位置における<u>胴の内径に等しい長さ</u> l_1 について，次の式によって計算した効率のうち最も小さいものが，最小厚さの計算に用いた効率以上であること．

$$\eta_1 = \frac{a+b+c+\cdots}{l_1}$$

　条件B：管穴列の中心線上の任意の位置における<u>胴の内半径に等しい長さ</u> l_2 について，次の式によって計算した値のうち最も小さいものが，最小厚さの計算に用いた効率の80%以上であること．

$$\eta_2 = \frac{a+b+c+\cdots}{l_2}$$

　条件Aの式及び条件Bの式において，

　　η_1, η_2：管穴がある部分の効率

$a, b, c, \cdots$：管穴列の中心線を l_1 又は l_2 で区切った時に，その中に含まれる管
穴以外の部分の長さ（mm）（次図の例を参照のこと）

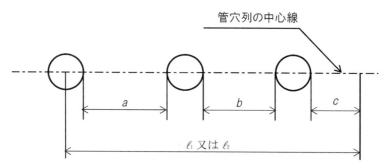

管穴列の中心線

l_1 又は l_2

（管穴列の中心線のどこを l_1 又は l_2 で区切るかにより，l_1 又は l_2 の中に占
める管穴の部分の長さと管穴以外の部分の長さが変わる。このことを参考
として，η_1 又は η_2 が最小値となる場合を検討する。）

胴の最小厚さの計算に用いる上図の管穴部の効率として0.73を採用することができるか否
かを検証するため，以下の設問に答えよ。

（1） 条件Aの式によって得られる最も小さい値を求めよ。解答には，どのような場合に
η_1 が最も小さい値となるのかの説明及び計算の過程を示し，計算結果は小数点以下
第3位以下を切り捨て，小数点以下第2位まで答えよ。

（2） 条件Bの式によって得られる最も小さい値を求めよ。解答には，どのような場合に
η_2 が最も小さい値となるのかの説明及び計算の過程を示し，計算結果は小数点以下
第3位以下を切り捨て，小数点以下第2位まで答えよ。

（3） 次のアからウについて，それぞれ理由を付して答えよ。

　　　ア　条件Aを満足するか否か。

　　　イ　条件Bを満足するか否か。

　　　ウ　胴の最小厚さの計算に用いる管穴部の効率を0.73とすることができるか否か。

（解　答）

（1）η_1 が最も小さい値となる場合の説明

管穴列の中心線を l_1（又は1500 mm）で区切って，その中に3つの管穴すべてが含まれる
とき，条件Aの式の分子の値が最小となり，管穴部の効率も最小になる。

（計算）

条件Aの式の分子の管穴の間の寸法の合計値は，l_1：1500 mm から3つの管穴の直径の合
計を減じた数値に等しくなるから，

$$\eta_1 = \frac{1500 - 120 \times 3}{1500}$$

$$= \frac{1140}{1500}$$

$$= 0.76$$

答　0.76

（2）　η_2 が最も小さい値となる場合の説明

　管穴列の中心線を l_2（又は 750 mm）で区切って，その中に2つの管穴が含まれるとき，条件Bの分子の値が最小となり，管穴部の効率も最小になる．

（計算）

$$\eta_2 = \frac{750 - 120 \times 2}{750}$$

$$= \frac{510}{750}$$

$$= 0.68$$

答　0.68

（3）

　　ア　条件Aについて

　　（理由）　条件Aの式で求めた効率の最小値0.76と，最小厚さの計算に用いようとする効率0.73とを比較すると，条件Aの式で求めた効率の方が大きい．

　　（結論）　条件Aは満足する．

　　イ　条件Bについて

　　（理由）　条件Bの式で求めた効率の最小値0.68と，最小厚さの計算に用いようとする効率0.73の80%である0.59を比較すると，条件Bの式で求めた効率の方が大きい．

　　（結論）　条件Bは満足する．

　　ウ　管穴の部分の効率を0.73とできるか否か

　　（理由）　条件A及び条件Bの両方を満足する．

　　（結論）　できる．

（問題）　2

　鋼製の蒸気ボイラー（貫流ボイラー及び移動式ボイラーを除く.）に備える吹出し管及びボイラーの吹出し作業に関する以下の事項について，法令上，定められていることを述べよ.

（1）　最高使用圧力が1MPa未満の蒸気ボイラーに備える吹出し管に取り付けられていなければならないもの

（2）　最高使用圧力1MPa以上の蒸気ボイラーの吹出し管に取り付けられていなければならないもの及びそれらの配置の方法

（3）　2以上の蒸気ボイラーの吹出し管の配置の方法

（4）　ボイラーの吹出しを行うときの遵守事項（2項目）

（解　答）

（1）　吹出し弁又は吹出しコック

（2）　吹出し弁を二個以上又は吹出し弁と吹出しコックをそれぞれ一個以上直列に取り付けること

（3）　ボイラーごとにそれぞれ独立していること

（4）　一人で同時に2以上のボイラーの吹出しを行わないこと

　　　　吹出しを行う間は，他の作業を行わないこと

（問題）3

鋼製ボイラーの材料，構造，附属品等に関する次の文中の ☐ に入る法令に規定されている適切な数値を答えよ．なお，同じ数値を複数回使用してもよい．

（1）　鋼製ボイラーの伝熱面における材料の使用温度は，内部の蒸気若しくは液体の最高温度に ① 度を加えた温度（放射過熱器にあっては，内部の蒸気の最高温度に ② 度以上を加えた温度）又は適切な方法によって求めた値を加えた温度とするものとする．

（2）　炭素の含有量が ③ パーセントを超える材料は，ボイラー又はボイラーの圧力を受ける部分のうち溶接を行うところには使用してはならない．

（3）　鉄鋼材料（熱処理等により強度を高めたボルト及び材料の使用温度が当該材料のクリープ領域にある場合を除く．）の許容引張応力は，次に掲げる値のうち最小のものとする．

　　イ　常温における引張強さの最小値の ④ 分の1

　　ロ　材料の使用温度における引張強さの ⑤ 分の1

　　ハ　常温における降伏点又は0.2パーセント耐力の最小値の ⑥ 分の1

　　ニ　材料の使用温度における降伏点又は0.2パーセント耐力の ⑦ 分の1（オーステナイト系ステンレス鋼鋼材であって，都道府県労働局長の認めた箇所に使用されるものについては，材料の使用温度における0.2パーセント耐力の ⑧ パーセン

ト とすることができる.）

（4） 材料の許容せん断応力は，許容引張応力の ⑨ パーセントの値とする.

（5） 蒸気ボイラーは，最高使用圧力の ⑩ 倍の圧力（その値が ⑪ メガパスカル未満のときは， ⑪ メガパスカル）により水圧試験を行って異状のないものでなければならない.

（6） ボイラーの鋳鉄品の部分は，最高使用圧力の ⑫ 倍の圧力によって水圧試験を行って異状のないものでなければならない.

（7） 水の温度が ⑬ 度を超える温水ボイラーには，内部の圧力を最高使用圧力以下に保持することができる安全弁を備えなければならない.

（8） 蒸気ボイラーに取り付ける圧力計の目盛盤の最大指度は，最高使用圧力の ⑭ 倍以上 ⑮ 倍以下の圧力を示す指度としなければならない.

（解　答）

（1） ① 30　　② 50

（2） ③ 0.35

（3） ④ 4　　⑤ 4　　⑥ 1.5　　⑦ 1.5　　⑧ 90

（4） ⑨ 80

（5） ⑩ 1.5　　⑪ 0.2

（6） ⑫ 2

（7） ⑬ 120

（8） ⑭ 1.5　　⑮ 3

（問題）4

鋼製ボイラーの自動給水調整装置等についての次のAからEまでの記述のうち，法令上，誤っているもののみの組合せは（1）～（5）のうちどれか.

ただし，本問において，低水位燃料遮断装置とは，起動時に水位が安全低水面以下である場合及び運転時に水位が安全低水面以下になった場合に，自動的に燃料の供給を遮断する装置をいい，低水位警報装置とは，水位が安全低水面以下の場合に，警報を発する装置をいうものとする.

A　蒸気ボイラーに自動給水調整装置を設けるときは，ボイラーごとに独立して当該装置を設けなければならない.ただし，同一型式で，同一の性能を有する蒸気ボイラーを併設し，それらを結合して使用する場合には，これらボイラーに共通の自動給水調整装置とすることができる.

B　自動給水調整装置を有する蒸気ボイラー（貫流ボイラーを除く.）には，当該ボイラーごとに，低水位燃料遮断装置を設けなければならない.

C　貫流ボイラーには，当該ボイラーごとに，起動時にボイラー水が不足している場合及び運転時にボイラー水が不足した場合に，自動的に燃料の供給を遮断する装置又はこれに代わる安全装置を設けなければならない.

D　自動給水調整装置を有する蒸気ボイラー（貫流ボイラーを除く.）で，燃料の性質又は燃焼装置の構造により，燃料の緊急遮断が不可能なものには，低水位燃料遮断装置に代えて低水位警報装置を設けることができる.

E　自動給水調整装置を有する蒸気ボイラー（貫流ボイラーを除く.）ごとに設けられた低水位警報装置からの警報がボイラー室内の制御盤に表示されるようにし，かつ，ボイラー技士を常駐させてこれらのボイラーを管理するときは，低水位燃料遮断装置を設けないことができる.

（1）A，C　　（2）A，E　　（3）B，C　　（4）B，D　　（5）D，E

（解　答）

答　2

（問題）5

鋼製ボイラーの燃焼安全装置についての次のAからEまでの記述のうち，法令に定めがないもののみの組合せは（1）〜（5）のうちどれか.

A　燃焼安全装置とは，異常消火又は燃焼用空気の異常な供給停止が起こったときに，自動的にこれを検出し，直ちに燃料の供給を遮断することができる装置をいう.

B　燃焼安全装置は，震度5相当以上の揺れが発生したときに，自動的にこれを検出し，直ちに燃料の供給を遮断することができる機能を有するものでなければならない.

C　自動的に点火することができるボイラーに用いる燃焼安全装置は，炉内及び煙道内の換気が一定時間行われたことが確認できない場合に，燃焼を開始させない機能を有するものでなければならない.

D　燃焼安全装置は，当該装置の作動用動力源が断たれた場合に直ちに燃料の供給を遮断するものでなければならない.

E　燃焼安全装置は，当該装置の作動用動力源が断たれている場合及び復帰した場合に，自動的に燃料の遮断が解除されるものでないこと.

（1）A，C　　（2）A，E　　（3）B，C　　（4）B，D　　（5）D，E

（解　答）

答　3

（問題）6

次のAからEまでに掲げた検査のうち，法令上，行われることのない検査のみを二つ選べ．

A　ボイラー設置者が希望する場合の所轄労働基準監督署長による性能検査

B　休止中良好な状態に維持管理されていたボイラーの所轄労働基準監督署長による使用再開検査

C　所轄労働基準監督署長から依頼を受けた場合の登録性能検査機関による性能検査時変更検査

D　外国においてボイラーを製造した者が受ける登録製造時等検査機関による使用検査

E　指定外国検査機関による検査データが添付されたボイラーの登録製造時等検査機関による使用検査

（解　答）

答　A，C　（順不同）